알기 쉬운

전기자기학

송면규 · 박영희

머 리 말

대학의 전기공학, 전자공학, 정보통신 등 관련 계열의 신입생에게 제일 먼저 전공 기초학문으로 만나게 되는 과목이 전기자기학입니다. 하지만 안타깝게도 전기자기학을 대하는 대다수의 학생들은 복잡하고 난해한 수식에 당황하게 되고 전공과목이므로 어쩔 수 없이 그저 따라 학습하는 형편을 띠게 됩니다. 그러다보니 전기자기학을 기초로 하여 이어지는 다른 과목 또한 기초학문의 이해 부족으로 더욱 더 모르게 돼 많은 학생들이 전공학문에 대한 흥미를 잃게 됩니다.

이렇게 전기자기학은 가장 기본이 되는 필수과목이지만 이해하기 힘든 과목으로 인식되고 있습니다. 그러다보니 많은 대학에서 학생들의 외면으로 과목자체를 과정에서 배제하는 사례가 증가하고 있는 실정입니다. 하지만 전기자기학은 반드시 이수해야만 되는 중요 과목입니다. 따라서 이러한 안타까운 현실을 감안하여 대학에서 다년간의 강의와 연구를 통해 좀 더 쉽게 개념을 파악하고 이해할 수 있도록 이 책을 집필하게 되었습니다.

본 저서는 누구나 쉽게 이해할 수 있도록 풀어서 썼으며 특히 중요한 부분은 요점 정리 식으로 기술하였습니다. 교수님들의 강의 진행의 효율성 제고를 위해 PDF 자료를 제공하게 됩니다.

아울러, 전기자기학의 정확한 지식을 터득함으로써 전기자기학의 체계적인 이해를 도모하고 전기, 전자, 정보통신 등 관련 국가기술자격시험 및 공무원 시험 등 각종 시험에 대비를 할 수 있도록 각 단원마다 연습문제를 삽입하였습니다.

아무쪼록 본 저서를 통해 학생들이 전기자기학을 보다 쉽게 이해하고, 전기자기학에 대한 흥미를 갖게 된다면 더없는 보람으로 여기겠습니다. 전기자기학이 다소 이해가 어려운 과목이더라도 관련 전공을 이수하고자 하는 사람들에게는 반드시 거쳐야만 되는 중요과목임을 다시 한번 강조하고 싶습니다. 본 저서가 출간될 수 있도록 많은 협조를 해주신 석학당 관계자 여러분에게 감사를 드립니다.

2017년 3월
저자일동

Contents

Part 3. 도체계와 정전 용량 53

Part 4. 유전체 79

Part 7. 전류에 의한 자기현상 163

Part 8. 전자유도 207

Part 9. 전자장 237

Part 10. 연습문제 261

Part 1.
벡터

Section 1. 스칼라와 벡터

1. 스칼라(Scalar)

물리적 양을 나타낼 때 크기만으로 그성질을 나타낼 수 있는 것으로 길이, 질량, 밀도, 체적, 온도, 시간, 전위 등이 있으며, 표현 방법은 *A*, *B*, *C*와 같이 이탤릭체 문자를 사용한다.

2. 벡터(Vector)

크기와 방향을 동시에 가지고 물리적 성질을 표시하는 것으로 힘, 속도, 가속도, 거리, 전계의 세기, 자계의 세기 등이 있으며 표현 방법은 **A**, **B**, **C**와 같이 굵은 고딕체 문자를 사용하거나, 이탤릭체로는 문자에 기호(→)나, 도트(·)를 붙여 나타낸다.

그러나, 크기만을 나타낼 때는 **A**로 하지만 일반적으로 절대 값인 **|A|**로 표시하기도 하며, 전류나 전압은 스칼라양이지만 복소수로 나타낼 수 있으므로 벡터 해석이 편리할 때가 있다.

Section 2. 벡터의 종류

아래 그림과 같이 벡터 **A**는 기준 방향에 대하여 θ 의 각을 갖고 선분의 길이 $\overline{\mathbf{OP}}$ 로 크기를 화살표로 방향을 나타낸다.

여기서, 점 **O**는 시점, 점 **P**는 종점이라고 한다.

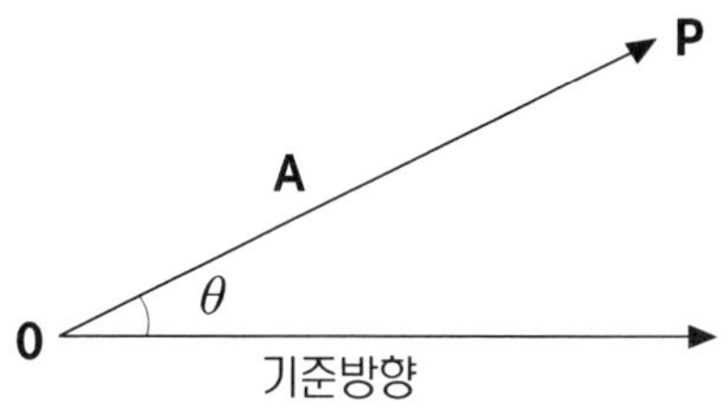

[벡터의 표시]

1. 단위벡터

a_0, r_0로 표시하며 크기는 1이고, 그 벡터의 방향만을 나타내는 벡터이다.

$$\mathbf{A} = Ar_0 \qquad r_0 = \frac{\boldsymbol{A}}{A} \qquad \vec{A} = \overrightarrow{a_0A} \qquad \vec{a_0} = \frac{\vec{A}}{A}$$

2. 기본 벡터

좌표계의 각 성분에 대한 단위 벡터를 의미하며, $i = a_{xj} = a_{yk} = a_z$로 표시한다. 즉, 사용하는 좌표계의 좌표 방향(좌표의 증가하는 방향)의 단위 벡터로, 기본 단위 벡터라고도 한다.

x, y, z 축으로 표현되는 직각 좌표계의 경우 x, y, z 각 축방향의 단위 벡터 i, j, $k(a_x,\ b_y,\ c_z)$를 의미한다.

3. 법선 벡터

어느면에 대한 수직 방향을 표시하는 단위 벡터를 의미한다.

폐곡면으로 둘러싸인 평면 S에 대한 수직 방향으로 크기가 1인 벡터로 $\vec{n}$으로 표시하며, 어떤 폐곡면을 화살표 방향으로 회전할 때 오른 나사의 진행 방향이 양(+)방향이되고, 일반적으로 내부에서 외부로 향하는 법선벡터에 대하여 반대 방향을 음(−) 방향으로 정의 한다.

Example 1-1 아래에서 스칼라량과 벡터량을 구분하여 설명하시오.

길이, 힘, 전하, 속도, 자계의 세기, 시간, 전위, 전류밀도, 온도

Solution 1-1 스칼라량 : 길이, 전하, 시간, 전위, 온도, 전류밀도
벡터량 : 속도, 자계의 세기, 힘

Section 3. 벡터의 성분

벡터를 정확하게 표현하려면 일정한 길이, 방향, 각, 투사, 성분들을 표시해야 하고, 가장 간단한 것은 직각 좌표계를 사용하는 방법이다.

아래 그림은 벡터의 성분을 나타내고 있다.

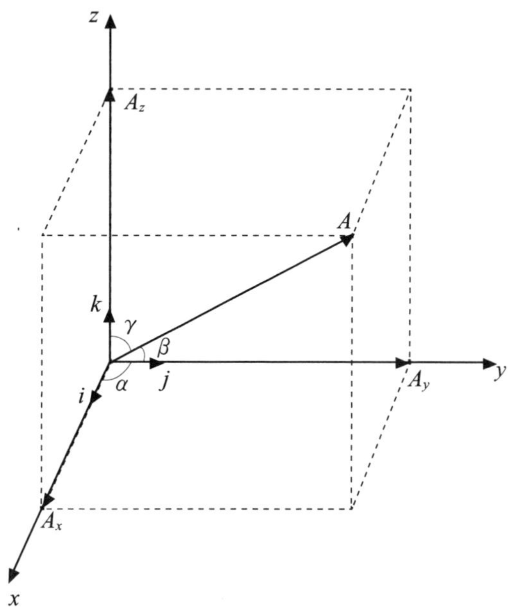

[벡터의 성분]

임의의 벡터 $A = iA_x + jA_y + kA_z$가 되며, 크기 A_x, A_y, A_z벡터의 x, y, z 방향의 스칼라 성분 또는 방향 성분이라고 한다.

벡터의 크기 A는 스칼라 성분으로 3차원에 대한 피타고라스 정리에 의하여

$$A = |\boldsymbol{A}| = \sqrt{A_x^2 + A_y^2 + A_z^2} \tag{1-1}$$

가된다.

벡터 $\boldsymbol{A}$의 시점을 좌표계의 원점에 일치 시키고 x, y, z를 축으로부터 벡터 $\boldsymbol{A}$와 이루는 각을 각각 α, β, γ라고 하면, 스칼라 성분 A_x, A_y, A_z는

$$A_x = A\cos\alpha \qquad A_y = A\cos\beta \qquad A_z = A\cos\gamma \tag{1-2}$$

가 된다.

여기서, $\cos\alpha$, $\cos\beta$, $\cos\gamma$를 벡터 $\boldsymbol{A}$의 방향 여현이라고 하며, 이들을 각각 l, m, n으로 표시하면

$$l = \cos\alpha = \frac{A_x}{|\boldsymbol{A}|} = \frac{A_x}{\sqrt{A_x^2+A_y^2+A_z^2}}$$

$$m = \cos\beta = \frac{A_y}{|\boldsymbol{A}|} = \frac{A_y}{\sqrt{A_x^2+A_y^2+A_z^2}}$$

$$n = \cos\gamma = \frac{A_z}{|\boldsymbol{A}|} = \frac{A_z}{\sqrt{A_x^2+A_y^2+A_z^2}} \tag{1-3}$$

Example 1-2 $\boldsymbol{A} = 4i + 4j + 2k$ 라고 하면, 벡터의 크기와 단위 벡터를 구하시오.

Solution 1-2

$$A = \sqrt{A_x^2+A_y^2+A_z^2} = \sqrt{4^2+4^2+2^2} = 6$$

$$\frac{\boldsymbol{A}}{A} = \frac{4i+4j+2k}{6} = \frac{2}{3}i+\frac{2}{3}j+\frac{1}{3}k$$

Section 4. 벡터의 연산

1. 벡터의 합과 차

1) 벡터의 합

아래 그림에서와 같이 A와 B의 벡터가 θ 각을 이루고 있을 때, 벡터 합 C는

$$C = A + B = B + A \tag{1-4}$$

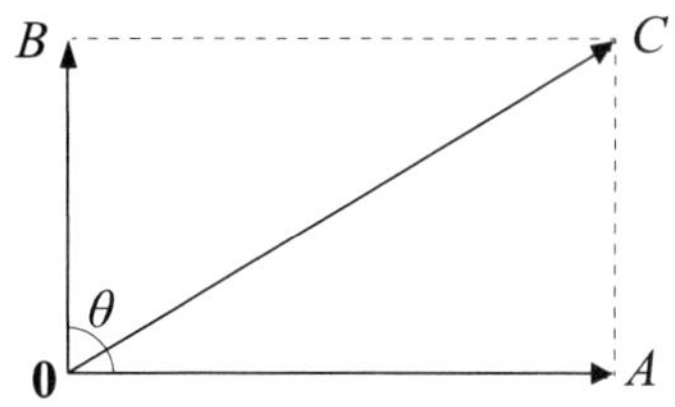

여기서 직각 좌표계로 나타내면

$$A = A_x i + A_y j + A_z k$$

$$B = B_x i + B_y j + B_z k \tag{1-5}$$

라고 하면

$$C = A + B = (A_x+B_x)i+(A_y+B_y)j+(A_z+B_z)k \tag{1-6}$$

가 된다.

2) 벡터의 차

벡터 B의 방향을 반대로 하면, 이때 벡터 차 D는

$$D = A - B = A+(-B) \tag{1-7}$$

가 된다.

따라서 직각 좌표계로 나타내면

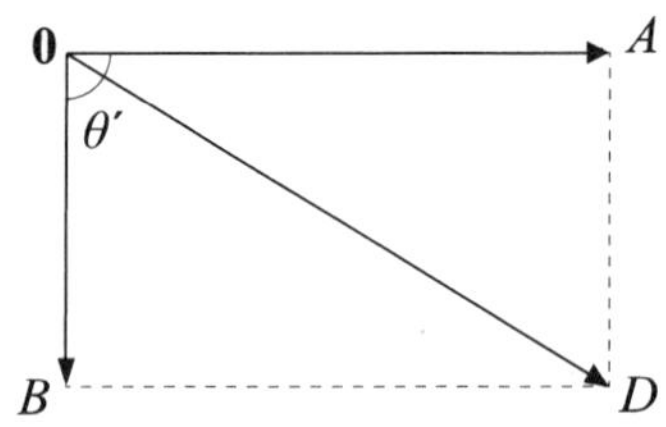

$$D = A - B = (A_x-B_x)i+(A_y-B_y)j+(A_z-B_z)k \tag{1-8}$$

가 된다.

Example 1-3 벡터 $A = 3i + 3j + 4k$, $B = 2i - 2j - 2k$ 일 때, 벡터의 합과 차를 구하시오.

Solution 1-3 벡터합 : $A + B = (3+2)i+(3-2)j+(4-2)k = 5i+j+2k$

벡터차 : $A - B = (3-2)i+(3-(-2))j+(4-(-2))k = i+5j+6k$

3) 벡터의 곱

(1) 스칼라 곱

아래 그림에서와 같이 A, B 두 벡터를 곱한 결과가 크기로만 될 때(스칼라량)를 스칼라 곱 또는 내적이라고 한다.

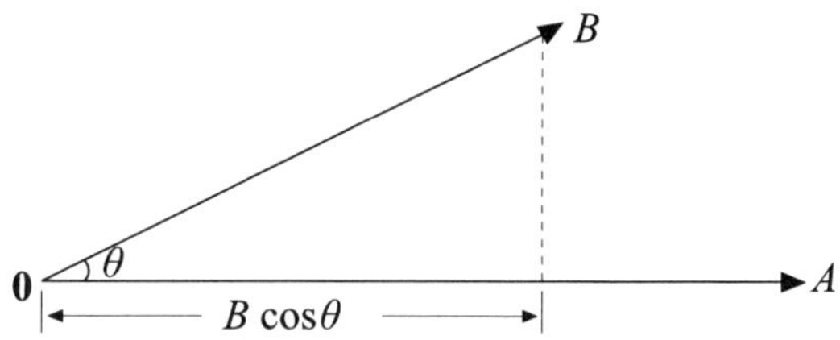

따라서 두 벡터 사이의 이루는 각을 θ라고 할 때, 내적은

$$A \cdot B = AB\cos\theta \tag{1-9}$$

이다.

여기서 ·은 닷(dot)이라 하고, A닷, B닷 또는 A, B 스칼라 곱이라고 읽는다.
따라서 이것을 직각좌표계로 나타내면

$$A = A_x i + A_y j + A_z k$$
$$B = B_x i + B_y j + B_z k \tag{1-10}$$

이므로 두 벡터의 스칼라 곱은

$$A \cdot B = A_x B_x + A_y B_y + A_z B_z \tag{1-11}$$

가 된다.

(2) 벡터 곱

두 벡터 A 와 B를 곱한 결과가 크기와 방향을 나타낼 때를 벡터 곱 또는 외적이라고 하며

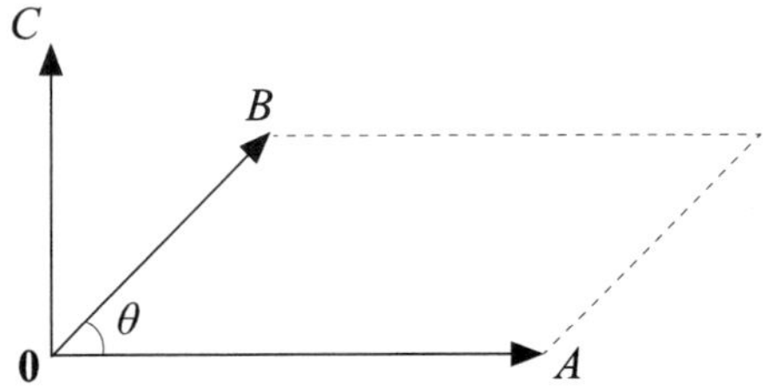

$$C = A \times B = |AB|$$

$$|C| = |A \times B| = AB\sin\theta \qquad (1\text{-}12)$$

로 나타낸다.

A 벡터와 B 벡터를 곱하면 I 크기는 그림과 같이 A와 B로 이루어진 평행 사변형의 면적과 같고, 그 방향은 C 방향이 된다. 여기서, C 방향은 A와도 직각이고 B와도 직각이 된다.

또한, X는 Cross라고 하며 A 크로스 B 또는 A, B 벡터 곱이라고 읽는다. 하지만 반대 방향으로 진행한다면 $C = -B \times A$가 된다.

같은 방향의 벡터 곱은 $A = 0°$이므로 $AB \sin 0° = 0$이 되며

$$i \times i = j \times j = k \times k = 0 \qquad (1\text{-}13)$$

이 된다.

그리고 다른 방향의 벡터 곱은 $\theta = 90°$ 이므로 $AB \sin 90° = 1$이 되어

$$j \times k = -k \times j = i$$

$$k \times i = -j \times k = j$$

$$i \times j = -j \times i = k \qquad (1\text{-}14)$$

로 변한다.

따라서 두 벡터 곱은

$$A \times B = (A_x i + A_y j + A_z k) \times (B_x i + B_y j + B_z k)$$
$$= (A_y B_z - A_z B_y) i + (A_z B_x - A_x B_z) j + (A_x B_y - A_y B_x) k \qquad (1-15)$$

가 된다.

또한 벡터 곱의 연산을 행렬식을 이용하여 풀어 보면

$$A \times B = \begin{vmatrix} i & j & k \\ A_x & A_y & A_z \\ B_x & B_y & B_z \end{vmatrix} = \begin{vmatrix} A_y & A_z \\ B_y & B_z \end{vmatrix} i - \begin{vmatrix} A_x & A_z \\ B_x & B_z \end{vmatrix} j + \begin{vmatrix} A_x & A_y \\ B_x & B_y \end{vmatrix} k$$
$$= (A_y B_z - A_z B_y) i - (A_x B_z - A_z B_x) j + (A_x B_y - A_y B_x) k \qquad (1-16)$$

로 나타낸다.

Example 1-4 벡터 $A = 2i + 3j - 4k$, $B = 3i + j + 2k$ 벡터의 스칼라 곱을 구하시오.

Solution 1-4 $A \cdot B = (A_x B_x) + (A_y B_y) + (A_z B_z) = (2 \times 3) + (3 \times 1) + (-4) \times 2 = 1$

Example 1-5 두 벡터 $A = 3i - 3j + 2k$, $B = 4i + 2j - 3k$ 일 때, 벡터의 곱을 구하시오.

Solution 1-5

$$A \times B = \begin{vmatrix} i & j & k \\ 3 & -3 & 2 \\ 4 & 2 & -3 \end{vmatrix} = (9-4)i - (-9-8)j + (6+12)k$$
$$= 5i + 17j + 18k$$

Section 5. 벡터의 미분

벡터의 미분 연산에는 벡터 미분 연산자

$$\nabla = i\frac{\partial}{\partial x} + j\frac{\partial}{\partial y} + k\frac{\partial}{\partial z} \qquad (1-17)$$

∇은 해밀톤 연산자라고 하며, 델(del) 또는 나블라(nabla)라고 읽으며, 벡터 편미분 연산자라고 한다.

1. 스칼라의 기울기(Gradient)

스칼라 함수 V의 좌표(x, y, z)를 결정하는 물리량이라고 하면, 공간 영역내의 한점 (x, y, z)에 대한 미분은

$$\nabla V = (\frac{\partial}{\partial x}i + \frac{\partial}{\partial y}j + \frac{\partial}{\partial z}k)V = \frac{\partial V}{\partial x}i + \frac{\partial V}{\partial y}j + \frac{\partial V}{\partial z}k = \text{grad } V \qquad (1-18)$$

가 된다.

따라서 V의 x, y, z방향으로 변화한 기울기(경도)로 크기와 방향이 있는 벡터량이다.

Example 1-6 $V = x^2yz$ 일 때 점(3, 2, 1)이라고 하면 ∇V는 얼마일까?

Solution 1-6

$$\nabla V = \text{grad } V = (\frac{\partial}{\partial x}i + \frac{\partial}{\partial y}j + \frac{\partial}{\partial z}k)(x^2yz)$$

$$= \frac{\partial}{\partial x}(x^2yz)i + \frac{\partial}{\partial y}(x^2yz)j + \frac{\partial}{\partial z}(x^2yz)k$$

$$= (2xyz)i + (x^2z)j + (x^2y)k = 12i + 9j + 18k$$

2. 벡터의 발산(Divergence)

공간 내의 한점에서 $E(x, y, z)$를 미분하면 발산하는 양은 ∇와 E의 스칼라 곱으로 구할 수 있다.

$$E = E_x i + E_y j + E_z k \qquad (1-19)$$

라고 하면

$$\nabla \cdot E = (\frac{\partial}{\partial x}i + \frac{\partial}{\partial y}j + \frac{\partial}{\partial z}k) \cdot (E_x i + E_y j + E_z k)$$

$$= (\frac{\partial Ex}{\partial x} + \frac{\partial Ey}{\partial y} + \frac{\partial Ez}{\partial z}) = \text{div } E \qquad (1-20)$$

가 된다.

여기서 연산자 ∇의 공간 내의 벡터량 E와의 스칼라 곱을 E의 발산 이라고 하며, 발산기호는 ∇ 대신에 div를 사용하기도 한다. 이와 같이 div E는 공간전하 분포상태에서 발산하는 전력선수를 알 수가 있다.

Example 1-7 점(3,2,1)에서 $E = xy^2 i + yzj + xzk$라고 하면, div E의 발산 값을 구해보시오.

Solution 1-7

$$\text{div } E = \left(\frac{\partial}{\partial x} i + \frac{\partial}{\partial y} j + \frac{\partial}{\partial z} k\right) \cdot (xy^2 i + yzj + xzk)$$

$$= \left(\frac{\partial xy^2}{\partial x} + \frac{\partial yz}{\partial y} + \frac{\partial xz}{\partial z}\right) = y^2+z+x = 4+1+3 = 8$$

3. 벡터의 회전(rotation, curl)

공간 영역내에서 벡터가 회전할 경우 주어지는 벡터량은 ▽와 벡터간의 벡터 곱으로 구할 수 있다.

$$A = (x,\ y,\ z) = A_x i + A_y j + A_z k \qquad (1-21)$$

라고 하며

▽와의 벡터 A의 곱은

$$\nabla \times A = \left(\frac{\partial}{\partial x} i + \frac{\partial}{\partial y} j + \frac{\partial}{\partial z} k\right) \times (A_x i + A_y j + A_z k)$$

$$= \begin{vmatrix} i & j & k \\ \frac{\partial}{\partial x} & \frac{\partial}{\partial y} & \frac{\partial}{\partial z} \\ Ax & Ay & Az \end{vmatrix} = \text{rot } A = \text{curl } A \qquad (1-22)$$

여기서 벡터의 회전 기호는 $\nabla \times A$ 대신에 rot A 또는 curl A를 사용하기도 하며 이것은 자력선이 전류를 중심으로 회전하는 것을 수식화 할 때 응용된다.

4. 이중 미분(laplacian, ∇^2)

스칼라함수 $V(x, y, z)$의 2중 미분의 연산은

$$\nabla \cdot \nabla V = \nabla^2 V = \left(\frac{\partial}{\partial x} i + \frac{\partial}{\partial y} j + \frac{\partial}{\partial z} k\right) \cdot \left(\frac{\partial}{\partial x} i + \frac{\partial}{\partial y} j + \frac{\partial}{\partial z} k\right) V$$

$$= \left(\frac{\partial^2}{\partial x^2} + \frac{\partial^2}{\partial y^2} + \frac{\partial^2}{\partial z^2}\right) V = \text{div grad } V \qquad (1-23)$$

가 된다.

여기서 ∇^2을 라플라시안이라고 하며, 공간전하 분포 상태에서 전계, 전위, 체적 전하밀도 등을 구하는데 사용된다.

Example 1-8 공간역에 내의 점(1, 2, 1)에서 $V = (xy^2z^3)$라고 하면, 라플라시안 $\nabla^2 V$를 구해보시오.

Solution 1-8

$$\nabla^2 V = \left(\frac{\partial^2 V}{\partial x^2} + \frac{\partial^2 V}{\partial y^2} + \frac{\partial^2 V}{\partial z^2}\right) = \left(\frac{\partial^2 (xy^2z^3)}{\partial x^2} + \frac{\partial^2 (xy^2z^3)}{\partial y^2} + \frac{\partial^2 (xy^2z^3)}{\partial z^2}\right)$$

$$= 0 + 2xz^3 + 6xy^2z = 0+2+24 = 26$$

Section 6. 벡터의 적분

1. 스토크스의 정리(skokes'theorem)

아래 그림에서와 같이 곡면 S에 대하여 벡터 A가 회전하는 면적적분은 그 면적 둘레에 대한 A의 선적분과 같다는 물리적 의미로

$$\int_{c} A \cdot dl = \int_{s}(\nabla \times A) \cdot ds = \int_{s}(\text{rot } A) \cdot nds \qquad (1-24)$$

로 나타낸다.

여기서 n은 미소전력 dS의 법선방향의 단위벡터로 C의 주회적분의 방향이다. 또한 스토크스의 정리는 선적분과 면적적분간의 변환식으로 이용된다.

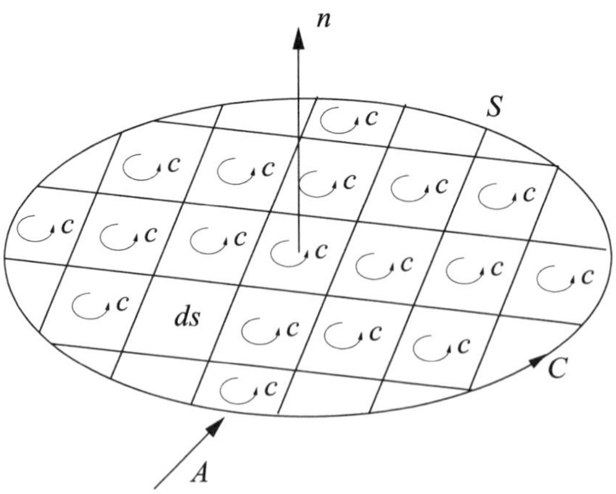

2. 가우스의 발산정리(gaussian divergence theorem)

"임의의 폐곡면내에 미소 체적당 발산하는 유량의 체적 총합은 체적 표면을 통해서 나가는 유량과 같다."는 가우스의 발산정리는 임의의 체적 V의 표면적을 S라고 할 때

$$\int_{s} E \cdot n ds = \int_{V} \mathrm{div}\, E dV \qquad (1-25)$$

로서 정전계에서 전계의 발산정리로 사용되거나 면적적분과 체적적분간의 변환식으로 이용된다.

Part 2.
진공 중의 정전계

Section 1. 대전현상과 정전유도

몇 개의 도체로 형성되는 도체 계에 있어서의 전하분포 및 정전계의 성질 등에 대해 살펴보면, 도체계의 전하분포는 각 도체간의 상호 정전유도작용 및 개개의 도체 자신의 분포작용을 고려해서 생각할 필요가 있다. 정전계의 성질을 다음과 같이 정리할 수 있다.

① 도체 내부에서는 전계가 0(zero)이다.

② 도체 표면은 등전위면이다.

③ 전하는 대전된 도체의 외부에 존재한다.

④ 도체상의 전하 총량이 0일 때는 이 도체에 출입하는 전기력선의 총수는 0이 된다.

※ 물체 내에 전하의 이동이 자유로울 때 이 물질을 **도체**(conductor)라고 한다. 종류에는 금, 은, 구리, 알루미늄, 목탄, 전해액 등이 있다. 또한 물체 내에 전하의 이동이 불가능할 때 이 물질을 **부도체**(nonconductor) 또는 절연체(insulator)라 한다. 종류에는 고무, 종이, 목재, 운모(돌비늘), 자기, 순수한 물(H_2O) 등이 있다. 그리고 도전율이 도체와 부도체의 중간 정도인 물질을 **반도체**(semi- conductor)라 한다. 종류에는 게르마늄(Ge), 셀레니움(Si) 등이 있다.

1. 대전(Electrificacation)

호박(amber)과 가죽털, 두 물체를 마찰하면 물체 상호간 또는 주위의 가벼운 물체가 끌리는 힘을 받게 된다. 이러한 현상은 기원전 600년경에 발견되었으며, 18세기 중반쯤 마찰에 의하여 물체에 전기가 발생된다는 사실을 알게 되었다. 즉, 두 물체를 마찰하면 한 쪽은 정(+), 다른 한쪽은 부(−)의 전기를 띄는 현상으로서 우리가 흔히 쓰는 책받침 또는 에보나이트 등을 옷감에다 마찰을 하면 종이가 붙게 되는데 이것을 **마찰 전기**(tribo electricity)라 하며 이때 마찰에 의하여 전기성질을 띄는 현상을 **대전**(electrification)되었다고 한다.

여기서 대전된 물체를 **대전체**(charged body)라 하며 대전체가 지니는 전기를 **전하**(electric charge)라고 한다.

※ 원자(atom)

물질의 최소 미립자로 양자와 전자로 구성되었으며, 그 값은 각각 다음과 같다.

① 양자의 전기량 : $e = 1.602 \times 10^{-19}$(C)

양자의 질량 : $m = 1.6725 \times 10^{-19}$(kg)

② 전자의 전기량 : $e = -1.602 \times 10^{-19}$(C)

전자의 질량 : $m = 9.109 \times 10^{-31}$(kg)

아울러, 전하에는 양전하(+)와 음전하(−)가 있으며 같은 종류의 전하사이에는 서로 반발하고 다른 종류의 전하사이에는 서로 흡인하는 성질이 있다.

2. 정전유도(Electrostatic induction)

대전체 A를 대전이 되지 않은 B의 도체 가까이 접근시키면 A의 대전체 가까이에 있는 B 도체에는 대전체와 반대 극성의 전기가 발생한다. 또한 B의 도체에서 반대편에는 대전체 A와 같은 극성의 전기가 발생하게 되는데 이런 현상을 **정전유도**(electrostatic induction)라하며 대전체 A를 멀리하면 B의 도체는 중화가 되어 원래의 상태로 돌아간다.

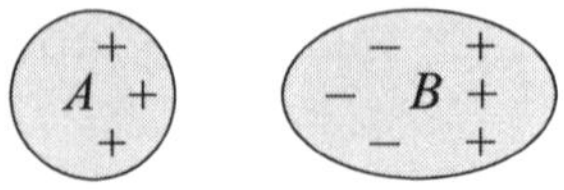

여기서 물체의 대전현상은 물체간 전하의 이동으로서 대전현상으로 발생하는 모든 물체에 전하의 대수적인 합은 항상 일정하므로 이것은 **전하의 보존법칙**(law of conservation of charge)이라고 한다.

즉, 도체 내에 있는 자유전자가 대전체에 접근할 경우 흡인 또는 반발함으로써 대전체에 가까운 곳에는 대전체와 반대 부호를 가진 전하가, 먼 곳에는 같은 부호를 가진 전하가 나타나는 현상을 의미한다. 따라서 대전되지 않은 물체라 하더라도 실제로는 정(+), 부(−) 같은 량의 전하가 존재하고 있으며, 대전체에 의해 정전유도 현상이 나타나는 것으로 보인다.

Section 2. 쿨롱의 법칙

대전체 사이에 작용하는 힘을 정량적으로 확립하기 위하여 쿨롱(Coulomb)은 1785년에 특수 고안된 비틀림 저울을 사용하여 두 개의 작은 대전체 간에 작용하는 힘에 관해서 실험적으로 다음과 같은 법칙을 알아냈다. 이 실험에서 쿨롱은 대전체 상호간의 거리를 정확히 하기 위해 거리에 비해 극히 미소한 대전체로 가정하고, 전하는 점전하(point charge)로 하였다. 즉,

① 두 전하 사이에 작용하는 힘은 같은 종류의 전하 사이에는 반발력이 작용하고, 다른 종류의 전하 사이에는 흡인력이 작용한다.

② 두 전하 사이에 작용하는 힘의 크기는 전하의 곱에 비례하고, 거리의 제곱에 반비례한다.

③ 두 전하 사이에 작용하는 힘의 방향은 두 개의 대전체를 연결한 직선상에 존재한다.

④ 두 전하 사이에 작용하는 힘은 두 전하가 갖고 있는 매질에 따라 다르다.

즉, 대전한 두 물체 사이에 관한 힘의 작용으로서 아주 적은 대전체를 점전하라고 하는데 Q_1 [C]이라는 값의 전기량을 갖는 작은 도체로부터 γ [m]라는 거리에 작은 전하 Q_2 [C]을 진공 중에 놓으면 이때 전하에 작용하는 힘 F는

$$F = K\frac{Q_1 Q_2}{\gamma^2} \text{ [Newton]} \qquad (2-1)$$

으로 된다. 여기서 K는 상수로서

$$K = \frac{1}{4\pi\varepsilon_0}$$

$$\therefore F = \frac{1}{4\pi\varepsilon_0} \times \frac{Q_1 Q_2}{\gamma^2} = 9\times10^9 \frac{Q_1 Q_2}{\gamma^2} \text{ [N]} \qquad (2-2)$$

이 된다. 이때 ε은 유전율(permittivity)로서 $\varepsilon = \varepsilon_0 \cdot \varepsilon_\gamma$ [F/m]로 나타내며 ε_0는 진공의 유전율이고 ε_γ는 비유전율이다.

여기서 $\varepsilon_0 \doteqdot 8.855\times10^{-12}$ [F/m] 이다.

따라서 점전하 사이에 작용하는 힘은 두 물체의 전기량의 곱에 비례하며 거리의 자승에 반비례하고 또한 F의 값이 (+)이면 척력을 나타내고 (−)이면 인력을 나타내는 것이다.

Example 2-1 진공 중에 정전하 +10 [C], 부전하 −10 [C]이 있다. 이때 두 전하가 10 [m]의 거리에 놓여 있다고 하면 작용하는 힘 F는 얼마일까?

Solution 2-1

$$F = \frac{1}{4\pi\varepsilon_0} \times \frac{Q_1 Q_2}{\gamma^2} = 9\times10^9 \frac{Q_1 Q_2}{\gamma^2}$$

$$= 9\times10^9 \frac{10\times(-10)}{10^2} = 9\times10^9 \frac{-100}{100}$$

$$= -9\times10^9 \text{ [N]}$$

Section 3. 전계

대전체 주위의 전하는 쿨롱의 법칙에 따른 전기력을 받는다. 이와 같이 전기력이 작용하는 공간을 그 대전체에 의한 **전계**(electric field) 또는 **전장**이라고 한다. 특히 정전기학에서 취급하는 정지상태의 전하분포에 의한 전계를 **정전계**(electrostatic field)라고 한다. 또한 단위 정전하에 의한 전계가 본래의 전계에 영향을 미치면 전계의 결정이 무의미해지므로 본래의 전계에 하등의 영향을 주지 않는 미소전하를 가정하고, 이것을 **검전하**(test charge)라고 한다.

1. 전계의 세기

전계 내의 임의의 점에 단위 정전하가 작용하는 힘을 그 점에 대한 **전계의 세기**(intensity of electric field) 또는 **전계강도**라고 한다.

진공 중에서 미소한 전하 Q[C]로 부터 γ[m] 떨어진 거리에 P점의 전계의 세기 E는

$$E = \frac{Q}{4\pi\varepsilon_0 \gamma^2} = 9\times 10^9 \frac{Q}{\gamma^2}\ [\mathrm{V/m}] \qquad (2\text{-}3)$$

이다.

2. 단위

[V/m], [N/C], (J/C · m), (W · S/C · m), (개/m²) 등을 사용한다.

따라서 전계의 방향은 힘의 방향과 같으므로 전계의 세기 E가 변화하지 않는 곳에 전하 Q를 가져온다면 이때 전하에 작용하는 힘 F는

$$F = QE \text{ [N]} \tag{2-4}$$

가 된다.

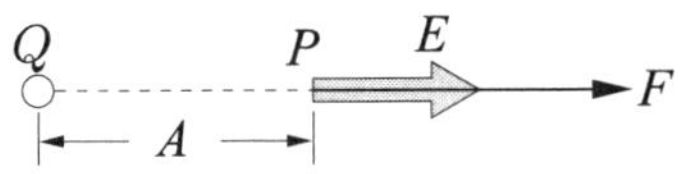

Example 2-2 다음 진공 중에 놓여있는 4×10^{-7} [C] 전하로부터 6[m] 되는 지점에서의 전계의 세기를 구하시오.

Solution 2-2

$$E = \frac{Q}{4\pi\varepsilon_0\gamma^2} = 9\times10^9\frac{Q}{\gamma^2} = 9\times10^9\frac{4\times10^{-7}}{6^2}$$

$$= 9\times10^9\frac{4\times10^{-7}}{36} = 100\text{[V/m]}$$

Section 4. 전기력선

전계 내의 전계의 세기 E[V/m]를 알면 그 점에 대한 전기력이 작용하는 H양을 알 수 있다. 그런데 전계 E[V/m]의 수치해석 만으로는 그 모양을 판단하기 곤란하다. 따라서 이를 시각적으로 표현하여 전계상태를 보다 쉽게 이해시키기 위해 전기력선을 패러데이가 제안하였다.

즉, **전기력선**은 전계 내에서 단위 정전하가 아무런 저항없이 전기력선을 따라 이동할 때 그려지는 선(궤적)으로 정의하며, 정전하에서 부전하로 향한다. 전계의 형태를 나타내기 위한 선으로서 (+)의 전하가 전계 내를 이동할 때 이루어지는 선을 뜻한다.

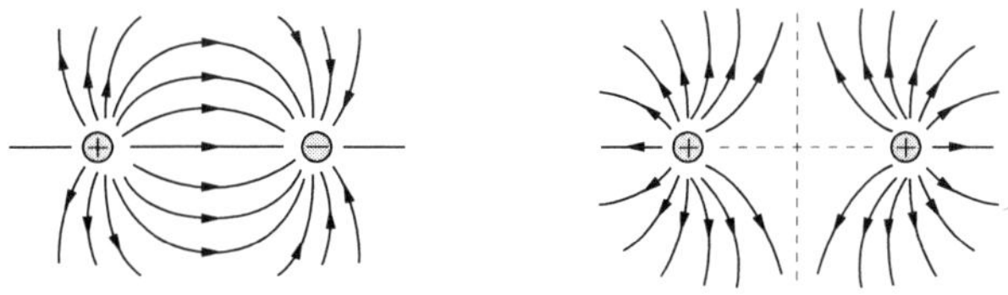

(a) 정, 부 전하사이 (b) 같은 전하사이

진공중에서 Q[C]의 전하에서 나오는 전기력선의 총수 N는

$$N = \frac{Q}{\varepsilon_0} \ [개] \qquad (2-5)$$

이며 전기력선의 성질은 다음과 같다.

① 전기력선의 방향은 그 점의 전계의 방향과 같으며, 전기력선의 밀도는 그 점에서의 전

계의 크기와 같다.

② 전기력선은 정전하(+)에서 시작하여 부전하(−)에서 끝난다.

③ 전하가 없는 곳에서는 전기력선의 발생, 소멸이 없다. 즉 연속적이다.

④ 단위 전하(± 1[C])에서는 $1/\varepsilon_0$ 개의 전기력선이 출입한다.

⑤ 전기력선은 그 자신만으로 폐곡선(loop)을 만들지 않는다.

⑥ 전기력선은 전위가 높은 곳에서 낮은 점으로 향한다.

⑦ 전계가 0이 아닌 곳에서 2개의 전기력선은 교차하지 않는다.

⑧ 전기력선은 등전위면과 직교한다. 단, 전계가 0인 곳에서 이 조건은 성립되지 않는다.

⑨ 전기력선은 도체 표면(등전위면)에 수직으로 출입한다. 단, 전계가 0인 곳에서 이 조건은 성립되지 않는다.

⑩ 도체 내부에서는 전기력선이 존재하지 않는다.

⑪ 전기력선 중에는 무한 원점에서 끝나든가, 무한 원점에서 오는 것이 있을 수 있다.

⑫ 무한 원점에 있는 전하까지를 고려하면 전하의 총량은 항상 0이다.

Example 2-3 진공 중에 있는 1,771[pC]의 전하를 취하는 대전체에서 유출되는 전기력선의 총 수 N[개]를 구하시오.

Solution 2-3 여기서 [pC]는 (pico coulomb)이므로 $1,771\times10^{-12}$이다.

따라서 $N = \dfrac{Q}{\varepsilon_0} = \dfrac{1,771\times10^{-12}}{8,855\times10^{-12}} = 200$ [개]

Section 5. 가우스의 법칙

점전하를 기초로 한 쿨롱의 법칙을 일반화하여 일반 전하분포에 의한 전계를 간단하게 해석하기 위하여 제시된 것이 가우스(K.F. Gauss, 1777~1885, 독일)의 법칙(Gauss's law)이다 즉, 전하 분포 상태에 관계없이 성립되는 일반성을 지닌 법칙이다. 이 법칙을 유도하기 위해서는 입체각의 개념을 확립할 필요가 있다.

폐곡면에 분포되어 있는 전하의 전계를 구할 때에는 **가우스의 정리**(gauss' theorem)가 편리한바 임의의 폐곡선에서 나오는 전계의 유전속과 그 폐곡면 내에 포함되는 총 전하의 관계를 나타내는 것으로 즉, '전계내의 임의의 폐곡면 *S*를 통하여 밖으로 나가는 전기력선의 총수는 폐곡면 내에 있는 전하의 대수합을 ε_0로 나눈 값과 같다'는 정리이다.

따라서 임의의 폐곡면에 통과하는 전하는 폐곡면 내에 있는 전하와의 관계가 성립하는 것이지 폐곡면 외에 있는 전하는 아무런 관계가 없다는 것이다.

여기서 진공 중에서 임의의 폐곡면 *S*내에 존재하는 전하 Q에서 나오는 전기력선의 수는

$$\int_s E_n dS = \int_s E \cdot nds = \frac{Q}{\varepsilon_0} \qquad (2-6)$$

가 된다. 이때 dS는 *S* 면상의 미소면적, E_n은 전계 *E*의 *dS*에 수직방향인 법선성분, *n*는 *dS*상의 단위벡터로서 이것을 가우스 정리의 적분형이라 한다.

그러나 폐곡면내에 다수의 전하가 있을 경우에는

$$\int_s E_n \, dS = \frac{1}{\varepsilon_0} \sum_{i=1}^{n} Q_i \qquad (2-7)$$

로 나타낸다.

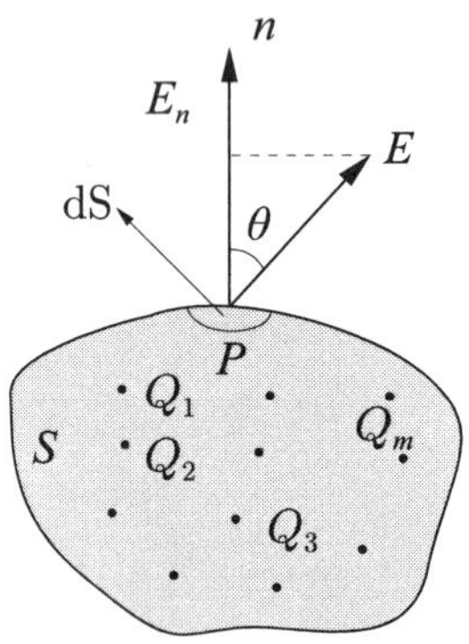

또한 가우스의 발산정리를 이용하여 나타내면

$$\text{div}\, E = \nabla \cdot E = \frac{\rho}{\varepsilon_0} \qquad (2-8)$$

로서 ρ는 전하의 공간전하밀도 [C/㎥]이며 이것을 가우스 정리의 **미분형**이라고 한다. 만약 ρ가 0 이라면(공간전하가 없으면)

$$\text{div}\, E = 0 \qquad (2-9)$$

가 된다. 식 (2-8)에 $E = -\text{grad}\, V$ [V/m]를 대입하여 정리하면

$$\text{div grad}\, V = \nabla^2 V = -\frac{\rho}{\varepsilon_0} \qquad (2-10)$$

가 되며, 이것을 **포아송의 방정식**(poisson's equation)이라 한다.

하지만 만일 공간의 전하밀도가 존재하지 않는다면 $\rho = 0$가 되므로

$$\nabla^2 V = 0 \tag{2-11}$$

이 되며 이것을 **라플라스의 방정식**(laplace's equation)이라고 한다.

Example 2-4 전위가 $V = 3x^2+2y^2+z^2$ [V] 일 때 공간의 전하밀도 ρ [C/m³]는?

Solution 2-4

$$\text{div grad } V = \nabla^2 V = -\frac{\rho}{\varepsilon_0} = \frac{\delta^2 V}{\delta x^2} + \frac{\delta^2 V}{\delta y^2} + \frac{\delta^2 V}{\delta z^2}$$

$$\therefore \nabla^2 V = 6+4+2 = -\frac{\rho}{\varepsilon_0}$$

$$\therefore \rho = -12\varepsilon_0 = -12 \times 8.855 \times 10^{-12} = -106.26 \times 10^{-12} \text{ [C/m}^3\text{]}$$

Section 6. 전위와 전위차

1. 전위

전하분포에 의한 전계의 벡터를 보다 쉽게 해석하기 위하여 에너지 개념을 도입한 전계 내의 전하가 갖는 전기적 위치에너지인 전위를 이용한다. 즉 단위 정전하를 전계 0인 무한 원점에서 전계에 대항하여 일정 지점 까지 운반하는데 필요한 일을 그 점에 대한 **전위**라고 한다.

즉 전계 중에 전하 Q를 놓으면 전하는 힘을 받아 이동한다. 이때 크기는 $F = QE$ [N]로 된다. 그러나 전계와 반대방향으로 전하를 이동시키려면 반대 방향으로 외부에서 힘을 가해야 한다.

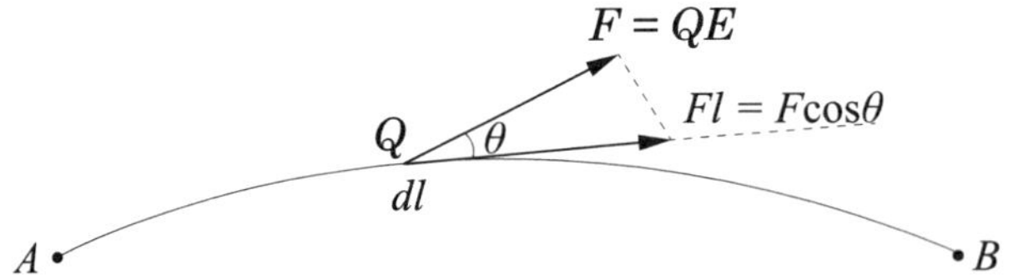

따라서 진공 중에서 전하 Q를 전기력이 작용하는 반대방향인 B방향으로 미소거리 dl 만큼 이동하는데 필요한 일 dW는

$$dW = -F \cdot dl = -F\cos\theta \, dl \text{ [J]} \tag{2-12}$$

가 되며 여기서 W를 구하려면 미분 dl에 대하여 적분을 하였을 때

$$W_{BA} = -\int_A^B F \cdot dl = -\int_A^B F\cos\theta \; dl \; [J] \qquad (2-13)$$

가 된다. 여기에다 $F = QE$ 를 대입하면

$$W_{BA} = -\int_A^B QE \cdot dl = -Q\int_A^B E \cdot dl \; [J] \qquad (2-14)$$

가 되는데 단위 정전하를 A에서 B점까지 이동시킬 때에 필요로 하는 일을 V_{BA}라고 한다면

$$V_{BA} = \frac{W_{BA}}{Q} = -\int_A^B E \cdot dl \; [J] \qquad (2-15)$$

가 된다.

2. 전위차

단위 정전하를 한 지점(A)에서 다른 한 지점(B)까지 운반하는 데 필요한 일을 의미하며, 이 점(A)에 대한 점(B)의 전위를 전위차라고 한다.

즉, 위 식에서 V_{BA}를 A와 B점 사이의 **전위차**(potential difference)라고 하며 또한 B를 A점에 대한 **전위**(electric potential)라 한다.

따라서 Q[C]의 점전하에서 γ[m] 떨어진 거리에 있는 점의 전위 V는

$$V_{BA} = -\int_A^B E \cdot dl = 9 \times 10^9 \frac{Q}{\gamma} \; [V] \qquad (2-16)$$

가 된다.

전위 및 전위차의 단위는 [J/C] 또는 [V] 이지만, 주로 [V]를 사용한다. 따라서 1[C]의 전하를 운반하는데 요하는 일이 1[J]일 때 두 점간의 전위차는 1[V]이다. 전위의 기준은 무한

원점의 전위를 0으로 하고 있으나, 실용적으로는 대지의 전위를 0으로 하여 이것을 기준으로 하고 있다.

Example 2-5 진공 중에서 10[μC]의 점전하로부터 10 [m] 떨어진 점의 전위의 크기는?

Solution 2-5

$$V = 9\times10^9 \frac{Q}{\gamma} = 9\times10^9 \frac{10\times10^{-6}}{10} = \frac{90\times10^3}{10}$$

$$= 9{,}000 = 9\ [\mathrm{KV}]$$

Section 7. 전위 경도

물은 높은 곳에서 낮은 곳으로 흐르며 경사가 급할수록 물의 흐름도 강해진다. 이와 마찬가지로 어느 두 지점 사이에 전위차가 있으면 전위가 높은 곳에서 낮은 곳으로 전계가 가해지고 그 전위차가 크면 클수록, 즉 전위의 경사진 정도가 클수록 전계의 세기도 강해진다.

이러한 사실로부터 임의의 점에서의 전위를 알고 있을 때 그 점에서 전위의 경사진 정도를 구하면 전계의 세기를 구할 수 있다. 즉 전계를 알고 있을 때 전계를 선적분 함으로써 임의의 점에서의 전위를 구할 수 있듯이 전계를 알고 있을 때는 반대로 전위를 미분함으로써 전계를 구할 수 있다.

전위와 전계의 세기 관계 중에 식 (2-16)에서 dl방향의 전계의 세기 E인 성분을 E_0라 하면 $E_0 = E\cos\theta$ 이므로 $dV = -E_0 dl$ 가 되어

$$E_0 = -\frac{dV}{dl}\ [\mathrm{V/m}] \qquad (2-17)$$

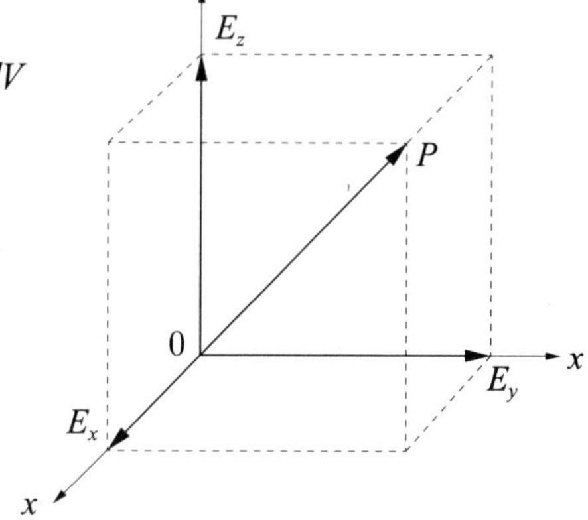

되는데 여기서 미소길이 dl에 대한 전위의 변화량 dV를 **전위경도**(potential gradient)라 한다.

$$V = \frac{Q}{4\pi\varepsilon_0 r} = -\int E dl\ [\mathrm{V}] \qquad (2-18)$$

따라서 그림과 같이 전계의 세기 E에서 x, y, z 방향의 성분을 E_x, E_y, E_z 라고 하면

$$E_x = \frac{\partial V}{\partial x}\ [\mathrm{V/m}]$$
$$E_y = \frac{\partial V}{\partial y}\ [\mathrm{V/m}]$$
$$E_z = \frac{\partial V}{\partial z}\ [\mathrm{V/m}] \qquad (2\text{-}19)$$

가 된다. 여기서 전계의 세기 E를 직각좌표로 나타내면

$$E = E_x i + E_y j + E_z k = -\left(\frac{\partial V}{\partial x} i + \frac{\partial V}{\partial y} j + \frac{\partial V}{\partial z} k\right)$$
$$= -\left(\frac{\partial}{\partial x} i + \frac{\partial}{\partial y} j + \frac{\partial}{\partial z} k\right) V\ [\mathrm{V/m}] \qquad (2\text{-}20)$$

가 되고 벡터의 미분연산자 나블라(nabla)를 사용하면

$$E = -\nabla V = -\mathrm{grad}\ V\ [\mathrm{V/m}] \qquad (2\text{-}21)$$

가 되므로 전계의 세기와 전위경도는 크기는 같지만 방향은 반대가 되는 것을 알 수 있다.

Section 8. 전기쌍극자

전기량이 같고 극성이 서로 반대인 $+Q$ [C]과 $-Q$ [C]의 두 점전하가 미소거리 l [m]만큼 떨어져 있다고 하면, 한 쌍의 두 전하를 **전기쌍극자**(electric dipole)라 하고 $+Q$로부터 γ_1 거리와 $-Q$로부터 γ_2 거리에 있는 점 P점의 전위는

$$V = \frac{Q}{4\pi\varepsilon_0}\left(\frac{1}{\gamma_1} - \frac{1}{\gamma_2}\right) \text{[V]} \qquad (2-22)$$

가 된다. 여기서 $l \ll \gamma$ 이므로 근사법에 의하여

$$\gamma_1 \fallingdotseq \gamma - \frac{l}{2}\cos\theta$$

$$\gamma_1 \fallingdotseq \gamma - \frac{l}{2}\cos\theta \qquad (2-23)$$

가 되므로 전기쌍극자에 의한 전위 V는

$$V = \frac{Q}{4\pi\varepsilon_0}\left(\frac{1}{\gamma - \frac{l}{2}\cos\theta} - \frac{1}{\gamma + \frac{l}{2}\cos\theta}\right)$$

$$= \frac{Ql\cos\theta}{4\pi\varepsilon_0\gamma^2} \text{[V]} \qquad (2-24)$$

가 된다. 여기서 $M = Ql$ [C · m]이므로

$$V = \frac{M}{4\pi\varepsilon_0 \gamma^2} \cos\theta \text{ [V]} \qquad (2\text{-}25)$$

가 되는데 이때 M을 **쌍극자 모멘트**(moment of dipole)라고 한다.

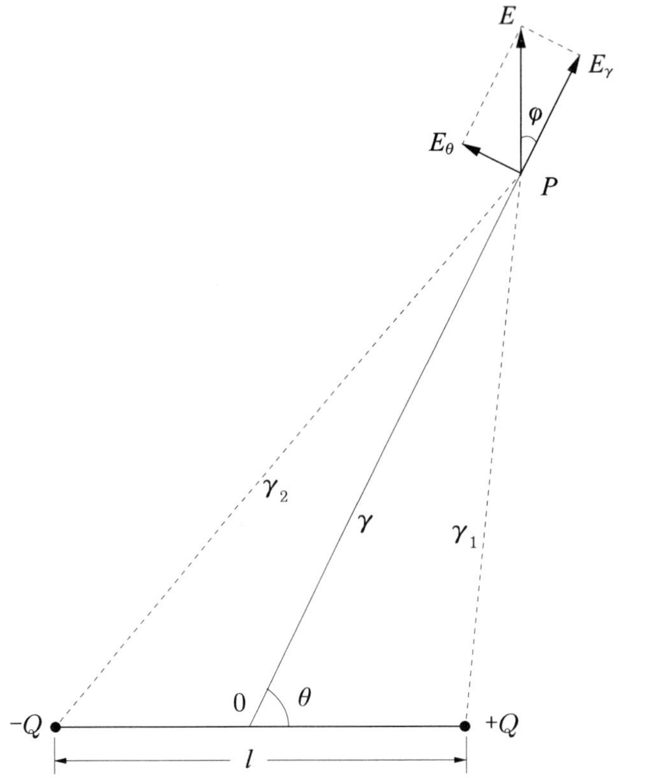

그리고 점 P에서 전계의 세기 E_γ 은 식 (2-24)을 γ 에 대하여 미분하면

$$E_\gamma = -\frac{\partial V}{\partial \gamma} = \frac{2M}{4\pi\varepsilon_0 \gamma^3} \cos\theta \text{ [V/m]} \qquad (2\text{-}26)$$

가 되고 직각방향의 전계의 세기 E_θ 는

$$E_\theta = -\frac{1}{\gamma} \cdot \frac{\partial V}{\partial \theta} = \frac{M}{4\pi\varepsilon_0 \gamma^3} \sin\theta \ [\mathrm{V/m}] \quad (2-27)$$

가 되므로 P점의 합성 전계의 세기 E는

$$E = \sqrt{E_\gamma{}^2 + E_\theta{}^2} = \frac{M}{4\pi\varepsilon_0 \gamma^3} \sqrt{4\cos^2\theta + \sin^2\theta}$$

$$= \frac{M}{4\pi\varepsilon_0 \gamma^3} \sqrt{1 + 3\cos^2\theta} \ [\mathrm{V/m}] \quad (2-28)$$

가 된다.

여기서 E의 방향과 γ방향의 각을 φ라 하면

$$\tan\varphi = \frac{E_\theta}{E_\gamma} = \frac{1}{2} \tan\theta \quad (2-29)$$

로 주어진다.

따라서 P점의 전계의 세기는 $\theta = 0°$일 때 최대가 되고 $\theta = 90°$ 일 때 최소가 되는 것을 알 수가 있으며 쌍극자에 의한 전위는 거리 자승에 반비례하고 전계는 거리 3승에 반비례한다.

이와 같은 원리는 반도체를 구성하는 분자나 원자가 분극하였을 때 이루어지는 전기쌍극자에 의한 전계의 개념을 규명하는데 응용되기도 한다.

tip. 정전접착기는 섬유직물 표면에 접착제를 도포한 후에 회전시키면서 롤러에 감기게 된다. 이 때 다른 롤러(−)를 통하여 직물표면에 도포하기 위한 작은 섬유로 절단한 것을 뿌리게 되면 작은 섬유는 큰 롤러(+)에 대전하게 된다. 따라서 대전된 작은 섬유는 쿨롱의 힘에 의하여 직물에 도포되어 흡인되며 접착제로 도포된 작은 섬유는 건조기에서 건조되어 롤러에 감긴다. 정전접착장치는 작은 섬유가 골고루 분포되어 밀집도가 우수하며 분포가 세밀해서 견고하게 접착되므로 내마모성이 향상되어서 외관상 보기가 좋다.

Example 2-6 쌍극자 모멘트가 $M = 4\pi\varepsilon_0$ [C · m]이라 할 때 쌍극자 축선 위에 60° 방향으로 0.01 [m] 떨어진 지점의 전위 V [V] 는 얼마인가?

Solution 2-6

$$V = \frac{M}{4\pi\varepsilon_0 \gamma^2} \cos\theta = \frac{4\pi\varepsilon_0 \times 0.5}{4\pi\varepsilon_0 \times (10^{-2})^2}$$

$$= \frac{0.5}{10^{-4}} = \frac{5,000}{1} = 5,000[\text{V}] = 5\ [\text{KV}]$$

Section 9. 가우스의 발산 정리

임의의 공간에 전하밀도 ρ [C/m³]의 전하가 균일하게 분포되어 있는 장소에 미소체적 Δv [m³]를 포함하는 폐곡면 S [m²]을 내포하였을 때 폐곡면 S 내의 전하는 $\rho\Delta v$ [C] 이 되므로 가우스의 정리를 적용하면

$$\int_S E_n \mathrm{ds} = \int_S E \cdot n \mathrm{ds} = \frac{\rho\Delta v}{\varepsilon_0} \qquad (2-30)$$

가 된다. 여기서 Δv를 0에 가깝게 취할 때 폐곡면의 외부로 발산하는 단위면적의 전기력선 수는

$$\lim_{\Delta v \to 0} \frac{1}{\Delta v} \int_S E \cdot n \mathrm{ds} = \frac{\rho}{\varepsilon_0} \qquad (2-31)$$

가 되는데 좌변항을 **전계의 발산**(divergence of electric field)이라 하며 가우스정리의 미분형으로 나타내면

$$\mathrm{div}\, E = \frac{\rho}{\varepsilon_0} \qquad (2-32)$$

가 된다.

그러나 전하가 폐곡면 내에 존재하지 않으면 $\rho = 0$ 이 되어

$$\mathrm{div}\, E = 0 \qquad (2-33)$$

가 되는데 이것은 전계의 세기 E가 0이 아니라 $\rho = 0$ 일 경우에는 전기력선이 발생하지 않는다는 의미를 나타낸다.

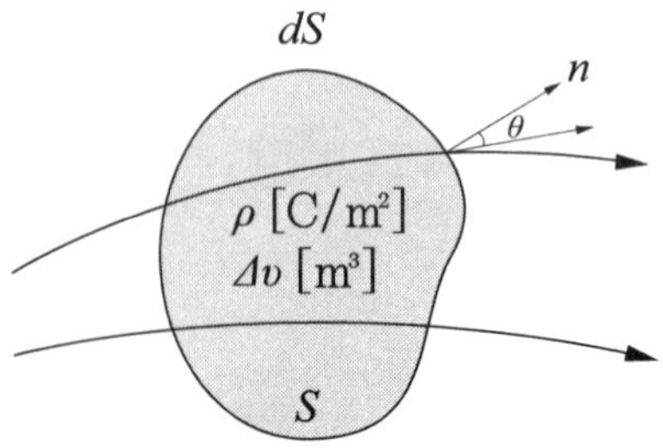

여기서 발산개념을 적용시키면 임의의 폐곡면 내의 공간에 $\boldsymbol{Q}$ [C]의 전하가 있을 때 폐곡면 S [m²]로 통과하는 전기력선은

$$\int_S E \cdot n dS = \frac{Q}{\varepsilon_0} = \frac{1}{\varepsilon_0} \int_V \rho \, dV \qquad (2-34)$$

이므로 $\rho = \text{div}\, \varepsilon_0 E$를 식 (2-33)에 대입시키면

$$\int_S E \cdot n dS = \int_V \text{div}\, E dV \qquad (2-35)$$

가 된다. 이식을 **발산정리**(divergence theorem)라 하며 모든 벡터함수에 대하여 성립하고 좌변항은 면적분이며 우변항은 체적적분이다.

Section 10. 푸아송 및 라플라스 방정식

전위 함수를 이용하여 체적 전하 밀도를 구하고자 할 때 사용하는 방정식으로 전위 경도와 가우스 정리의 미분형에 의해 $\mathrm{div}\, E = \nabla \cdot E = \rho/\varepsilon_0$ 이다.

여기에 전계의 세기 $E = -\nabla \cdot E$ 이므로

$\nabla \cdot E = \nabla \cdot (-\nabla V) = \rho/\varepsilon_0$ 이다.

$\therefore\ \nabla^2 V = -\rho/\varepsilon_0$

이것을 **푸아송의 방정식**이라 하고, $\rho = 0$ 일 때 즉, $\nabla^2 V = 0$인 경우를 **라플라스 방정식**이라고 한다.

Part 3.
도체계와 정전 용량

Section 1. **도계체**

1. 도체의 성질

그림[4-1]과 같이 여러 개의 도체가 존재하는 도체계의 경우, 각 도체 주위의 도체로부터 영향을 받고 다른 도체에 영향을 주기 때문에 한 개의 도체에 대한 개별적인 취급은 무의미하다.

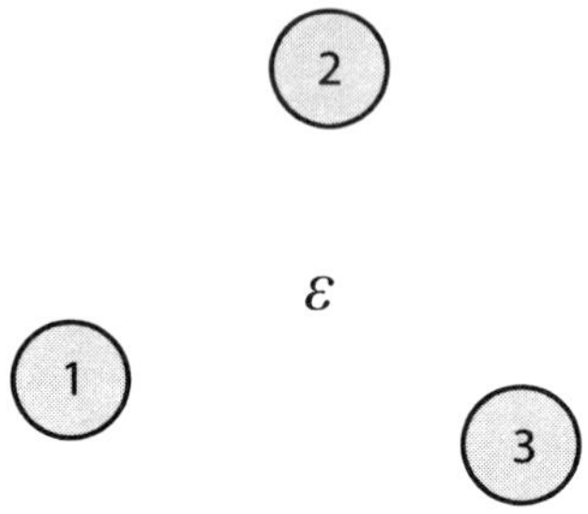

[그림 3-1] 도체계

진공 중에 여러 개가 가까이 모여 있는 경우 각각의 도체는 서로 이웃하는 오체에 영향을 주거나 받기 때문에 개별적으로 취급하는 것은 불가능하다. 따라서 다음과 같은 정리들에 의해서 도체계 전체를 취급해야 한다.

① 도체계를 형성하는 각 도체의 전하가 주어지면 각 도체의 전하분포는 한 가지만 존재한다. 따라서 전계 내의 전위분포도 한 가지 경우 밖에 없다.

② 도체계를 구성하는 각 도체의 전위가 각각 일정한 값을 가질 때 도체 상의 전하분포는 한 가지 경우뿐이다. 따라서 각 도체가 가지는 전하 및 전계 내의 전위분포도 한 가지 경우뿐이다.

③ 도체계의 각 도체에 각각 Q_1, Q_2, $Q_3 \cdots Q_n$인 전하가 주어질 때, 전위는 각각 V_1, $V_2 \cdots V_n$이다. 또한 Q_1', Q_2', $Q_3' \cdots Q_n'$의 전하가 주어질 때의 전위가 각각 V_1', $V_2' \cdots V_n'$라고 하면 각각 Q_1+Q_1', $Q_2+Q_2' \cdots Q_n+Q_n'$의 전하가 주어졌을 때의 전위는 각각 V_1+V_1', $V_2+V_2' \cdots V_n+V_n'$가 된다. 이것을 **중첩의 원리**라고 한다.

한 공간 내에서 도체계를 이루고 있는 경우 이와 같은 정리에 의하여 전하와 전위의 일반적인 관계를 명확하게 고찰할 수 있다.

즉, 도체계의 전하분포는 각 도체간의 상호 정전유도작용 및 각 도체 자신의 분포작용을 고려할 필요가 있다. 정전계의 성질을 열거하면 아래와 같다.

① 도체 내부에서는 전계가 0이다.

② 도체표면은 등전위면이다.

③ 도체상의 전하 총량이 0일 때에는 이 도체에 출입하는 전기력선의 총수는 0이 된다.

또한 도체상의 전하와 전위분포에 대해서는 아래와 같은 정리가 성립한다.

① 도체계의 각 도체의 전하가 주어진 도체면의 전위분포는 한 가지만 존재한다.

② 도체계의 각 도체의 전위가 주어지면 도체면의 전하분포는 한 가지만 존재한다.

위의 두 정리를 도체계에 있어서의 "**정전용량 유일성의 정리**(uniqueness theorem)"라고 한다.

2. 전위 계수

진공 중에서 구도체의 반지름을 γ_1, γ_2라 하고 두 도체간의 거리를 R이라 하며 구도체의 전하를 각각 Q_1, Q_2할 때 각 전위가 V_1, V_2라 하면 중첩의 원리(principle of superposition)를 적용해서

$$V_1 = V_{11}+V_{12} = \frac{Q_1}{4\pi\varepsilon_0 \gamma_1} + \frac{Q_2}{4\pi\varepsilon_0 R} = P_{11}Q_1+P_{12}Q_2 \text{ [V]} \qquad (3-1)$$

$$V_2 = V_{21}+V_{22} = \frac{Q_1}{4\pi\varepsilon_0 R} + \frac{Q_2}{4\pi\varepsilon_0 \gamma_2} = P_{21}Q_1+P_{22}Q_2 \text{ [V]} \qquad (3-2)$$

가 된다.

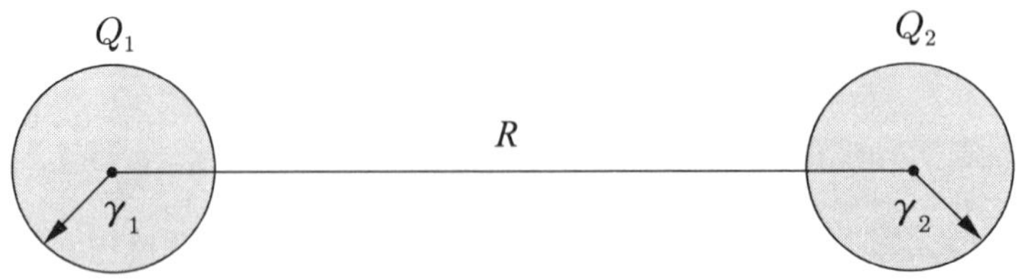

여기서 Q_1, Q_2 만에 의한 도체 1의 전위를 V_{11}, V_{12}라 하며 도체 2의 Q_1, Q_2 만에 의한 전위를 V_{21}, V_{22} 라 하고 또한 P_{11}, P_{12}, P_{21}, P_{22}는 도체의 크기와 모양 등 기하학적으로 정해지는 계수라 할 때 이것을 전위계수(coefficient of potential)라고 한다. 만약에 n개의 도체가 있다하면

$$
\begin{aligned}
V_1 &= P_{11}Q_1+P_{12}Q_2+P_{13}Q_3+P_{14}Q_4+ \cdots\cdots +P_{1n}Q_n \\
V_2 &= P_{21}Q_1+P_{22}Q_2+P_{23}Q_3+P_{24}Q_4+ \cdots\cdots +P_{2n}Q_n \\
V_3 &= P_{31}Q_1+P_{32}Q_2+P_{33}Q_3+P_{34}Q_4+ \cdots\cdots +P_{3n}Q_n \\
&\vdots \\
V_n &= P_{n1}Q_1+P_{n2}Q_2+P_{n3}Q_3+P_{n4}Q_4+ \cdots\cdots +P_{nn}Q_n
\end{aligned}
\tag{3-3}
$$

로 주어진다.

그러므로 전위계수의 성질은 다음과 같다.

① 전위계수 P_{11}, P_{12} 등은 정(+)이 된다.

② 전위계수 P_{11}, P_{22} 등은 0보다 크고 P_{12}, P_{13}등보다 크다.

③ 전위계수 P_{12}와 P_{21}은 서로 동일하다.

따라서 전위계수를 응용하면 각 도체의 전하와 전위의 관계를 간단하게 나타낼 수 있다. 전위계수의 단위는 전위/전하이므로 [V/C] 또는 [1/F]를 사용한다.

Example 3-1 도체 2를 Q로 대전된 도체 1에 접속시킬 때 도체 2가 얻어지는 전하를 전위계수로 나타내시오.

Solution 3-1 중첩의 원리를 적용하면

$V_1 = P_{11}Q_1+P_{12}Q_2$ [V]

$V_2 = P_{21}Q_1+P_{22}Q_2$ [V] 이므로

$V_1 = V_2$, $P_{12} = P_{21}$ 이며

$Q = Q_1+Q_2$

$\therefore Q_1 = Q-Q_2$

따라서

$P_{11}(Q-Q_2)+P_{12}Q_2 = P_{21}(Q-Q_2)+P_{22}Q_2$

$(P_{11}-P_{12})Q = (P_{11}-2P_{12}+P_{22})Q_2$

$$\therefore Q_2 = \frac{P_{11}-P_{12}}{P_{11}-2P_{12}+P_{22}}Q$$

Section 2. 용량계수와 유도계수

n개의 도체에 각각의 전위를 V_1, V_2, …… V_n이라 하고 각각의 전하를 Q_1, Q_2, …… Q_n이라 하면

$$\begin{aligned} Q_1 &= q_{11}V_1 + q_{12}V_2 + \cdots\cdots + q_{1n}V_n \\ Q_2 &= q_{21}V_1 + q_{22}V_2 + \cdots\cdots + q_{2n}V_n \\ &\vdots \\ &\vdots \\ Q_n &= q_{n1}V_1 + q_{n2}V_2 + \cdots\cdots + q_{nn}V_n \end{aligned} \tag{3-4}$$

가 된다.

여기서 V_1=1[V]를 인가하고 다른 도체는 접지시켰다고 하면

$$V_2 = V_3 = V_4 = \cdots\cdots V_n = 0\ [\mathrm{V}] \tag{3-5}$$

되어

$$Q_1 = q_{11},\ Q_2 = q_{21},\ \cdots\cdots\ Q_n = q_{n1} \tag{3-6}$$

가 된다.

따라서 용량계수(coefficient of capacity)는 첨자가 같은 계수 q_{11}, q_{22}, …… q_{nn}이며 유도계수(coefficient of induction)는 첨자가 다른 계수 q_{12}, q_{31}, …… q_{1n}이다.

용량계수와 유도계수는 도체의 기하학적인 상태에 의하여 정해지는 상수이며 용량계수와 유도계수의 단위는 [C/V] 또는 [F]를 사용하고 다음과 같은 성질이 있다.

① 용량계수 : $q_{11} > 0$

② 유도계수 : $q_{21}, q_{23}, \cdots\cdots \leq 0$

③ 전하의 합 : $q_{11} \geq -(q_{21}+q_{31}+\cdots\cdots+q_{n1})$

Section 3. 정전용량

도체가 전하를 저장할 수 있는 능력을 그 도체의 정전용량(capacitance)이라고 하며, 전하를 저장하는 장치를 축전기(capacitor) 또는 콘덴서(condenser)라고 한다.

1. 개 요

① 정전용량의 표기는 C로 나타낸다.

② 정전용량의 단위는 [F]로 표시하며 파라드(farad)이라고 읽는다.

③ 도면 표시

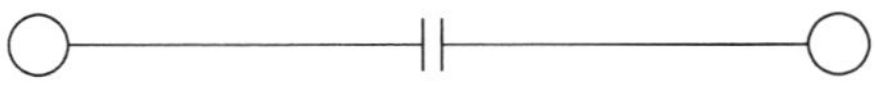

④ 보조 단위

$1[\mathrm{F}] = 1{,}000{,}000\ [\mu\mathrm{F}] = 10^6\ [\mu\mathrm{F}]$ 〈μ : 마이크로(micro)〉
$1[\mu\mathrm{F}] = 1{,}000{,}000\ [\mu\mu\mathrm{F}] = 10^6\ [\mathrm{pF}]$ 〈p : 피코(pico)〉

⑤ 정전용량의 역수는 엘라스턴스(elastance)라고 한다.

2. 독립도체의 정전용량

진공 중 한 도체에 Q[C]의 전하를 주었을 때 전위차가 V[V]라면 도체 사이의 정전용량 C는

$$C = \frac{Q}{V} \text{ [F]} \qquad (3-7)$$

가 된다.

3. 두 도체간의 정전용량

진공 중에 놓여진 두 도체에 각각 $+Q$ [C]과 $-Q$ [C]라는 전하가 주어졌을 때 각 도체의 전위가 각각 V_1, V_2로 되었다고 하면 이 두 도체 간의 정전용량 C는

$$C = \frac{Q}{V_1 - V_2} \text{ [F]} \qquad (3-8)$$

로 얻어진다. 여기서 C는 항상 +값을 취하며 또한 위의 식에서 $V_1 - V_2$는 두 도체간의 전위차이다.

Example 3-2 정전용량이 10 [μF]이며 도체의 전하가 66×10^{-6} [C] 이라면 전위 V는?

Solution 3-2

$$C = \frac{Q}{V} \text{ [F]}$$

$$V = \frac{Q}{C} = \frac{66 \times 10^{-6}}{10 \times 10^{-6}} = 6.6 \text{ [V]}$$

Example 3-3 V_1 의 도체에 전위가 120 [V]이고 V_2 의 전위가 100 [V]이며 전하량이 10×10^{-5} [C]이라면 이때 정전용량 C [F]는 얼마인가?

Solution 3-3 $C = \dfrac{Q}{V_1 - V_2} = \dfrac{10\times10^{-5}}{120-100} = 5\times10^{-6} = 5\ [\mu F]$

4. 평행판의 정전용량

진공 중에 그림과 같이 두 도체를 놓았을 때 면적을 S [m²]라 하고 두 도체 간의 거리를 d [m]라 하면 이 때 평행한 두 도체간의 용량 C는

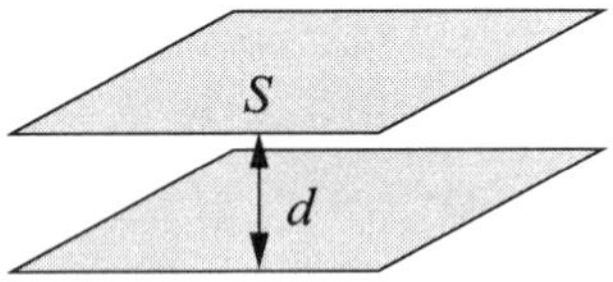

$$C = \frac{\varepsilon_0 S}{d} = 8.855\times10^{-12}\frac{S}{d}\ [F] \tag{3-9}$$

가 되므로 용량은 거리에 반비례하고 면적에 비례하게 된다.

Example 3-4 축전기(condenser)의 극판의 면적이 2배가 되면 이때 정전용량은?

Solution 3-4

$$C = \frac{\varepsilon_0 S}{d}\ [F]$$

$$C = \frac{\varepsilon_0\, 2S}{d}\ [F]$$

따라서 정전용량은 2배가 된다.

5. 도체구의 정전용량

진공 중에서 구도체에 전하를 인가하고 반지름이 γ [m]인 경우에 정전용량 C는

$$C = \frac{\gamma}{9\times10^{9}} = 4\pi\varepsilon_0\gamma \text{ [F]} \qquad (3-10)$$

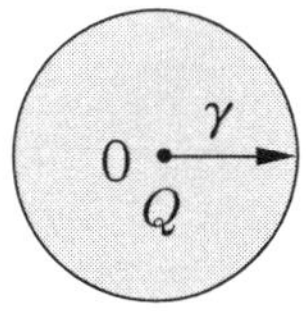

이다. 그러나 도체구 주변에 유전율이 ε 인 물질로 채워져 있다면

$$\mathrm{C} = 4\pi\varepsilon\gamma = 4\pi\varepsilon_0\varepsilon_\gamma\gamma \text{ [F]} \qquad (3-11)$$

이 된다.

따라서 1[F]란 반지름이 $\gamma = 9\times10^{9}$ [m]인 구의 정전용량이며 또한 우리가 살고 있는 지구의 정전용량은 약 700[μF] 정도이다.

Example 3-5 지구의 정전용량은 얼마인가?

Solution 3-5 지구를 도체로 보고 지구의 반지름을 6,300 [km] 라 하면

$$C = \frac{6.3\times10^{6}}{9\times10^{9}} = 0.7\times10^{-3} = 700 \text{ [}\mu\text{F]}$$

6. 동심구의 정전용량

그림에서와 같이 내부원의 반경을 x [m]라 하고 외부원의 안쪽 반경을 y [m]라 할때 내부원과 외부원의 중심이 같은 것을 동심구(concentric sphere)라 하며 2개의 동심구 사이의 정전용량 C는

$$C = \frac{4\pi\varepsilon_0}{\left(\frac{1}{x} - \frac{1}{y}\right)} = \frac{1}{9\times 10^9} \cdot \frac{1}{\left(\frac{1}{x} - \frac{1}{y}\right)} \text{ [F]} \qquad (3-12)$$

가 된다.

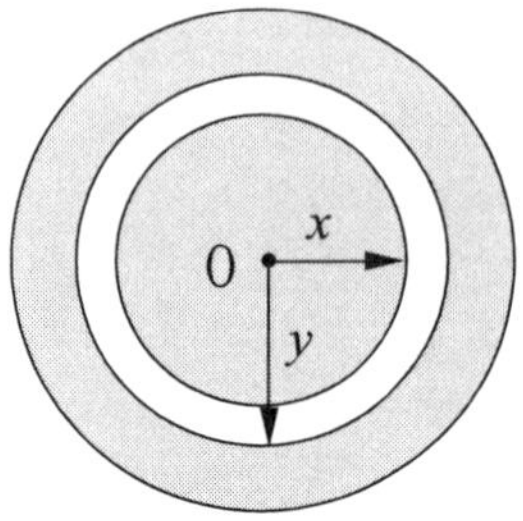

여기서 y가 무한대의 위치가 된다면 이때의 반경 x의 도체구와 같게 된다.

Example 3-6 내부원의 반지름이 30 [cm]이고 외부원의 안쪽 반지름이 90 [cm]인 동심구 사이가 공기로 채워져 있다면 이때 동심구의 정전용량은?

Solution 3-6

$$C = \frac{1}{9\times 10^9} \cdot \frac{1}{\frac{1}{x} - \frac{1}{y}} = \frac{1}{9\times 10^9} \cdot \frac{1}{\frac{1}{0.3} - \frac{1}{0.9}}$$

$$= \frac{1}{9\times 10^9} \cdot \frac{1}{\frac{3}{0.9} - \frac{1}{0.9}} = \frac{1}{9\times 10^9 \cdot \frac{2}{0.9}} = \frac{0.9}{18\times 10^9}$$

$$= 0.05\times 10^{-9} = 50 \text{ [pF]}$$

7. 무한히 긴 동심 원통의 정전용량

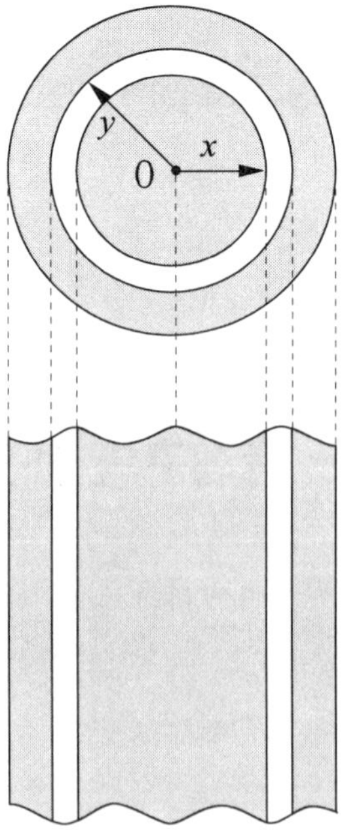

내부 원통의 반경을 x [m], 외부 원통의 내측 반경을 y [m]라고 할 때 내부 원통에 (+)전하, 외부 원통에 (−)전하를 주고 두 도체 사이에 유전체를 공기로 하면 이때 정전용량 C는

$$C = \frac{2\pi\varepsilon_0}{\ln\frac{y}{x}} = \frac{24.16}{\log_{10}\frac{y}{x}} \times 10^{-12} \text{ [F/m]} \qquad (3-13)$$

가 된다.

Example 3-7 내부 원통의 반지름이 20 [m]이고 외부 원통의 내측 반지름이 60[m]인 무한히 긴 동심 원통의 정전용량은?

Solution 3-7

$$C = \frac{2\pi\varepsilon_0}{\ln\frac{y}{x}} = \frac{24.16\times10^{-12}}{\log_{10}\frac{60}{20}} = \frac{24.16\times10^{-12}}{\log_{10}3}$$

$$= \frac{24.16\times10^{-12}}{0.477} = 50.649\times10^{-12} \fallingdotseq 50.6\ [\text{pF/m}]$$

8. 평행 도선간의 정전용량

2줄의 평행선간의 도체 반경이 γ [m]이고 두 도체 사이의 거리가 d [m]라고 하면 이때 평행선간의 정전용량 C는

$$C = \frac{\pi\varepsilon_0}{\ln\frac{d}{\gamma}} = \frac{12.07}{\log_{10}\frac{d}{\gamma}} \times 10^{-12}\ [\text{F/m}] \qquad (3\text{–}14)$$

이다.

여기서 $\gamma \ll d$ 이며 이것은 유선통신의 전송선로간에 정전용량을 구하는데 사용된다.

Example 3-8 도체의 반경이 2 [㎜]이며 두 전선의 간격이 4 [cm] 일 때 100 [km] 당 정전용량은 얼마인가?

Solution 3-8

$$C = \frac{12.07}{\log_{10}\frac{d}{\gamma}}\times10^{-12} = \frac{12.07}{\log_{10}\frac{4\times10^{-2}}{2\times10^{-3}}}\times10^{-12}\times100{,}000$$

$$= \frac{12.07}{1.301}\times10^{-12}\times10^{5} \fallingdotseq 9.3\times10^{-7} = 0.93\ [\mu\text{F}]$$

9. 도체계의 정전에너지

정전용량이 C인 축전기 양단에 전위 V를 인가하면 이때 $Q = CV$ [C]의 전하가 축적된다. 따라서 전하를 충전시키기 위해서는 에너지(energy)가 필요한 데 이때 축전기(condenser)에 전하를 저장하기 위해 요구되는 에너지 W는

$$W = \frac{1}{2}QV = \frac{1}{2}CV^2 = \frac{Q^2}{2C} \text{ [J]} \tag{3-15}$$

가 되며 V는 축전기 전극 사이의 전위차이다.

진공 중에서 2극판 사이의 전계의 세기를 E [V/m]라 하고 극판의 면적을 S [㎡]라 하며 극판간의 거리를 d [m]라 할 때

$$C = \frac{\varepsilon_0 S}{d}$$

$$V = Ed \tag{3-16}$$

이므로 식 (3-58)에 대입시키면

$$W = \frac{1}{2}\varepsilon_0 E^2 Sd \text{ [J]} \tag{3-17}$$

가 된다.

따라서 단위체적당 축적되는 에너지 밀도 W는

$$W = \frac{W}{\mathrm{Sd}} = \frac{1}{2}\varepsilon_0 E^2 = \frac{D^2}{2\varepsilon_0} = \frac{1}{2}ED \text{ [J/㎥]} \tag{3-18}$$

가 되며 D [C/㎡]는 전속밀도이다.

Example 3-9 10 [μF]의 콘덴서에 10^{-2} [C]의 전하를 저축시키면 이때 필요한 정전 에너지는?

Solution 3-9

$$W = \frac{Q^2}{2C} = \frac{(10^{-2})^2}{2\times10\times10^{-6}} = \frac{10^{-4}}{2\times10^{-5}} = \frac{10^5}{2\times10^4} = 5\ [\mathrm{J}]$$

Example 3-10 전계의 세기가 40 [V/m]이고 유전속밀도가 5 [C/㎡] 일 때 단위 체적당 축적되는 에너지 밀도는 얼마인가?

Solution 3-10

$$W = \frac{1}{2}ED = \frac{40\times5}{2} = 100\ [\mathrm{J/m^3}]$$

10. 도체에 작용하는 힘

도체 표면에 있는 전하 요소들은 그 도체에 전하를 주게 되면 전하가 표면에 분포됨으로서 전계를 형성하게 된다.

여기서 주어진 전하와 상호 반발을 하게 되어 표면 전하는 수직 방향의 외부로 밀리게 되는 데 이렇게 도체에 작용되는 힘을 정전응력(electrostatic stress)이라 한다. 따라서 대전 도체 표면에 단위면적당 작용하는 힘(정전응력) F는

$$F = \frac{\rho^2}{2\varepsilon_0} = \frac{1}{2}\varepsilon_0 E^2\ [\mathrm{N/m^2}] \qquad (3-19)$$

가 되며 여기서 ρ [C/㎡]는 표면 전하밀도이다.

그러므로 정전응력은 대전전하와는 관계없이 표면 외부방향으로 힘이 작용하며 이와 같은 도체에 정전응력은 매질의 절연력을 초과하게 되면 절연파괴현상을 초래하게 된다.

다음은 도체가 전하를 일정하게 유지한 상태에서 대전도체가 정전력을 받아 x 방향으로

dx [m] 만큼 변화하였을 때 x 방향의 힘을 Fx라 하면 x 방향의 반대 방향으로 dx 만큼 이동시키는데 필요한 일 dW는

$$dW = -Fx\,dx \text{ [J]} \qquad (3-20)$$

가 된다. 여기서 이것을 편미분으로 표시하여 Fx를 구하면

$$dW = -\frac{\delta W}{\delta x} \text{ [N]} \qquad (3-21)$$

가 되며 전하가 일정할 때에는 에너지가 감소하는 방향으로 작용하게 되는 바 도체에 작용하는 힘을 구할 수가 있다.

따라서 간격이 d [m]이고 면적이 S [m²]인 공기 축전기(condenser)에 전압을 인가하였을 때 두 극판 사이에 작용하는 정전 흡인력 F는

$$F = -\frac{\delta W}{\delta d} \text{ [N]} \qquad (3-22)$$

가 된다.

Example 3-10 진공 중에서 표면 전하밀도가 18.83×10^{-6} [C/m²] 일 때 정전응력 F [N/m²]는 얼마인가?

Solution 3-10 $F = \frac{\rho^2}{2\varepsilon_0} = \frac{(18.83\times10^{-6})^2}{2\times8.855\times10^{-12}} = \frac{354.5\times10^{-12}}{17.71\times10^{-12}} \fallingdotseq 20$ [N/m²]

Section 4. 콘덴서

두 개의 도체 사이에 어느 정도 간격을 두고 마주보게 하면 원리적으로 콘덴서가 되지만 실제장치는 두 개의 도체사이 거리를 아주 짧게 하여 외부로부터 전기적 영향을 받지 않는 구조로 되어 있다. 또한 각각의 도체에 연결된 도선을 외부로 인출하여 다른 것과 전기적 접속을 행할 수 있도록 하는 것을 **단자**(terminal)라 부르며, 이것에 대해 전하를 축적하는 작용을 하는 도체를 **전극**(electrode)이라고 한다.

이렇게 정전용량을 가지도록 하는 목적으로 만들어진 장치를 **정전콘덴서** 또는 간단히 **콘덴서**(축전기)라고 한다. 즉 콘덴서라고 하면 구체적인 장치를 말하는 것이고, 정전용량이라고 하면 콘덴서가 가지는 전기적인 특성을 말한다.

실제로 콘덴서에 두 개의 전극 간에 진공이 아니고 공기인 경우도 있으며 운모, 종이 자기류, 대부분의 기름, 기타의 액체 등이 고체 절연물이 들어 있는데 이러한 절연물을 **유전체**라고 한다.

절연물의 종류에 따라 공기 콘덴서, 운모 콘덴서, 종이 콘덴서, 유리 콘덴서, 전해 콘덴서 등으로 구분되며, 정전용량이 일정한 고정 콘덴서와 가변성이 있는 가변 콘덴서 바리콘 등으로 나누어진다.

1. 콘덴서의 직렬연결

몇 개의 콘덴서 C_1, C_2, C_3를 아래 그림과 같이 직렬로 연결하고, AB 단자 사이에 전압 V를 주면 각각의 콘덴서 양 전극에는 정(+), 부(−)의 같은 전하 +Q, −Q가 정전유도 된다. 따라서 각 단자 사이에 전압의 V_1, V_2, V_3라고 하면

$$V_1 = \frac{Q}{C_1},\ V_2 = \frac{Q}{C_2},\ V_3 = \frac{Q}{C_3} \tag{3-23}$$

또

$$V = V_1 + V_2 + V_3 \tag{3-24}$$

이기 때문에, AB단자 사이에 합성용량 C는 식 (3−23)과 식 (3−24)에서

$$V = \frac{Q}{C} = \frac{Q}{C_1} + \frac{Q}{C_2} + \frac{Q}{C_3} \tag{3-25}$$

$$\therefore \frac{1}{C} = \frac{1}{C_1} + \frac{1}{C_2} + \frac{1}{C_3}\ [1/F] \tag{3-26}$$

얻어지고, 합성용량은 각 성분용량보다 적어진다.

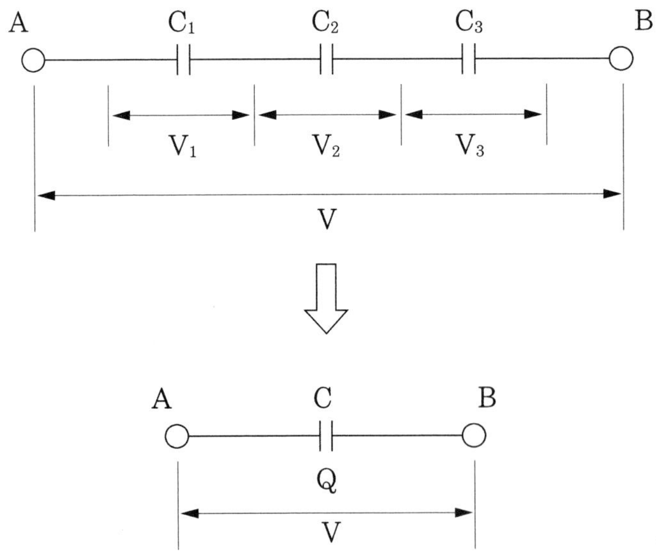

〈콘덴서의 직렬연결〉

그리고, 각 콘덴서에 걸리는 전위차는

$$V_1 = \frac{Q}{C_1} = \frac{Q}{C_1} V,\ V_2 = \frac{Q}{C_2} = \frac{Q}{C_2} V,\ V_3 = \frac{Q}{C_3} = \frac{Q}{C_3} V$$

$$C = \frac{C_1C_2C_3}{C_1C_2 + C_2C_3 + C_3C_1} [F] \qquad (3-27)$$

가 되어 용량에 반비례하여 전위차가 분배된다.

2. 콘덴서의 병렬연결

몇 개의 콘덴서 C_1, C_2, C_3를 아래 그림과 같이 병렬로 연결하고, AB단자 사이에 전압 V를 가하면 각각의 콘덴서 양 전극에는 정(+), 부(−)의 전하가 발생한다. 각 콘덴서에 충전되는 전하는

$$Q = C_1V,\ Q_2 = C_2V,\ Q_3 = C_3V \qquad (3-28)$$

가 되며, 전하의 합계는

$$Q = Q_1+Q_2+Q_3 = (C_1+C_2+C_3)V \qquad (3-29)$$

가 된다. 따라서 합성용량 C는

$$C = \frac{Q}{V} = \frac{(C_1+C_2+C_3)}{V} V\ [V]$$

$$C = C_1+C_2+C_3\ [V] \qquad (3-30)$$

결국 몇 개의 콘데서를 모두 병렬 접속한 합성용량은 각각의 콘덴서 용량의 합과 같다. 또 합성용량은 개개의 어느 용량보다도 크며 각 콘덴서에 분배되는 전하는

$$Q_1 = \frac{C_1}{C_1+C_2+C_3}Q,\ Q_2 = \frac{C_2}{C_1+C_2+C_3}Q,\ Q_3 = \frac{C_3}{C_1+C_2+C_3}Q \qquad (3-31)$$

와 같이 용량에 비례하여 전하량이 분배된다.

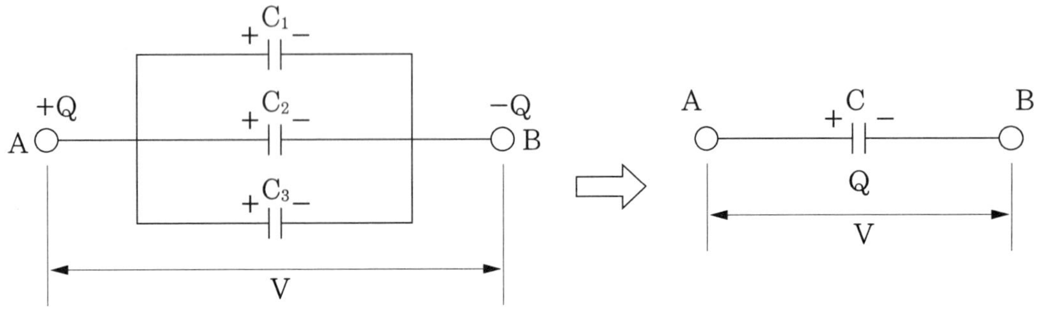

〈콘덴서의 병렬 연결〉

Example 3-11 진공 용량이 각각 3 [μF] 와 4 [μF]인 두개의 콘덴서를 직렬로 접속 했을때와 병렬로 접속 했을 때의 합성정전용량을 구하시오.

Solution 3-11 C_1 = 3 [μF], C_2 = 4 [μF]라고 하면 직렬 합성 용량 C_s는

$$C_s = \frac{1}{\frac{1}{C_1}+\frac{1}{C_2}} = \frac{C_1C_2}{C_1+C_2} = \frac{3\times4}{3+4} = \frac{12}{7} \fallingdotseq 1.7\ [\mu F]$$

또, 병렬합성 정전용량 C_p는

$$C_p = C_1 + C_2 = 3+4 = 7\ [\mu F]$$

Section 5. △접속 용량과 Y접속 용량의 변환

1. △접속에서 Y접속으로 변환

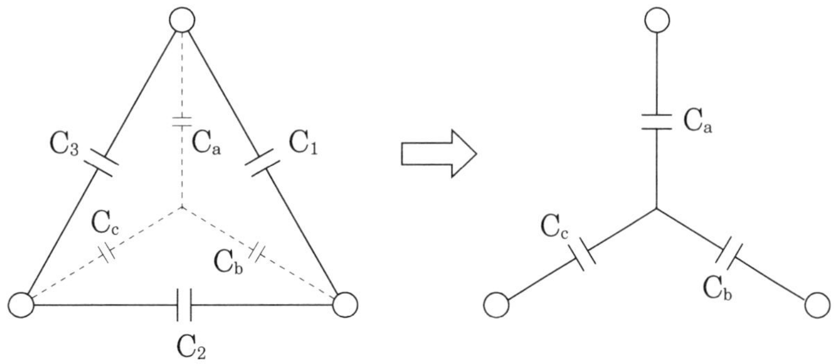

〈 △ → Y 변환 〉

$$C_a = \frac{C_1C_2+C_2C_3+C_3C_1}{C_2},\ C_b = \frac{C_1C_2+C_2C_3+C_3C_1}{C_3},\ C_C = \frac{C_1C_2+C_2C_3+C_3C_1}{C_1}$$

2. Y접속에서 △접속으로 변환

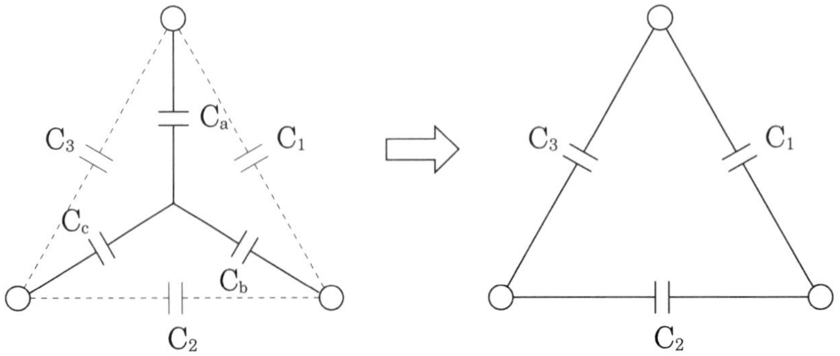

〈 Y →△ 변환 〉

$$C_1 = \frac{C_aC_b}{C_a+C_b+C_c}, \quad C_2 = \frac{C_bC_c}{C_a+C_b+C_c}, \quad C_3 = \frac{C_cC_a}{C_a+C_b+C_c}$$

Section 6. 정전에너지(전계내의 축적에너지)

콘덴서에 전하를 축적시키는 데는 일을 필요로 하고 그 일은 에너지로서 콘덴서에 저축된다. 이 콘덴서에 축적되는 에너지는 콘덴서의 전하가 만드는 전계 중에 축적된다. 이러한 관계를 분명히 하기 위하여 다음과 같은 경우를 생각할 수 있다. 평행 평판의 전극 사이의 거리를 d [m], 극판의 면적을 S [m²]라고 하면 이 콘덴서의 정전용량 C는 아래 식(3-32)와 같다. 또한 이 콘덴서에 축적된 전하 Q [C]와 전극 사이의 전계의 세기 E [V/m] 사이에 식 (3-33)식이 성립되어 이 콘덴서가 전하 Q [C]를 갖고 있을 때는 식 (3-33)가 되고 식 (3-32), (식 (3-33)식을 식 (3-34)식에 대입하면

$$C = \frac{Q}{V_{ab}} = \frac{\varepsilon_0 S}{d}\ [\mathrm{F}] \qquad (3-32)$$

$$E = \frac{\sigma}{\varepsilon_0} = \frac{1}{\varepsilon_0} \times \frac{Q}{S}\ [\mathrm{V/m}] \qquad (3-33)$$

$$W = \int_0^Q dW = \int_0^Q v dq = \int_0^Q \frac{Q}{C} dq = \frac{1}{2}\frac{Q^2}{C} = \frac{1}{2} CV^2 = \frac{1}{2} QV\ [\mathrm{J}] \qquad (3-34)$$

$$W = \frac{1}{2}\frac{1}{\varepsilon_0 S/d}(\varepsilon_0 SE)^2 = \frac{1}{2}\varepsilon_0 SdE^2 = \frac{1}{2} \times \frac{\varepsilon_0 S}{d} V^2\ [\mathrm{J}] \qquad (3-35)$$

위 식에서 우변의 Sd [m^3]는 평행 평판 전극 사이의 체적을 나타내므로 이 식의 양변을 Sd로 나누면 W_0 [J/m^3]는 다음과 같다.

$$W_0 = \frac{W}{Sd} = \frac{1}{2}\varepsilon_0 E^2 = \frac{1}{2}\varepsilon_0\left(\frac{V}{d}\right)^2 \text{ [J/m}^3\text{]} \qquad (3-36)$$

W_0는 전극사이의 단위 체적에 축적되는 에너지로서 전계에 축적되는 에너지 밀도라고 한다. 식 (3-36)는 단지 평행 평판 사이의 전계에만 국한되는 것이 아니고 더욱 일반적인 전계에 대해서도 성립한다. 즉, 전계 중의 어느 점의 전계의 세기와 이 점을 중심으로 한 미소체적에 포함되는 에너지 밀도 사이에도 성립한다.

Example 3-12 면적 S [m^2], 극판 거리 [m], 유전율 ε_0 [F/m] 인 평행판 콘덴서 양단에 V[V]의 전압이 가해졌을 때 보유하는 에너지 밀도를 구하시오.

Solution 3-12 식 (3-35)에 의해서

$W = \frac{1}{2}\frac{\varepsilon_0 S}{d}V^2$ [J]으로 부터

$$W_0 = \frac{W}{Sd} = \frac{1}{2}\frac{\varepsilon_0 S}{d}V^2 \times \frac{1}{Sd} = \frac{1}{2}\frac{\varepsilon_0}{d^2}V^2$$

$$= \frac{1}{2}\varepsilon_0\left(\frac{V}{d}\right)^2 \text{ [J/m}^3\text{]}$$

또는 $W_0 = \frac{1}{2}\varepsilon_0 E^2 = \frac{1}{2}\varepsilon_0\left(\frac{V}{d}\right)^2$ [J/m^3]

Section 7. 정전응력

도체에 작용하는 힘, 즉 정전력을 의미한다.

1) 전하가 일정한 경우의 X방향의 힘

$$Fx = \frac{\Delta W}{\Delta x} = \frac{-\partial W}{\partial x} = \frac{-\partial}{\partial x}\left(\frac{Q^2}{2C}\right) = -\frac{\partial}{\partial d}\left(\frac{Q^2 d}{2\varepsilon_0 S}\right) = \frac{-Q^2}{2\varepsilon_0 S} \text{ [N]}$$

2) 전위가 일정한 경우의 X방향의 힘

$$Fx = \frac{-\partial W}{\partial x} = \frac{-\partial}{\partial d}\left(\frac{1}{2} CV^2\right) = \frac{-\partial}{\partial d}\left(\frac{1}{2} \cdot \frac{\varepsilon_0 S}{d} \cdot V^2\right) = \frac{-\varepsilon_0 S V^2}{2d^2} \text{ [N]}$$

Part 4.
유전체

Section 1. 유전체의 유전율과 비유전율

1837년 영국인 Michael Faraday에 의해 두 도체 사이의 절연물, 즉 운모, 기름 등을 채운 콘덴서의 정전용량과 진공 중의 정전용량에 대하여 아래와 같은 관계가 존재한다는 것을 발견하였다.

두 평행판 축전기(condenser)의 극판의 면적이 S [㎡]이고 거리가 d [m]라 할 때 하나는 종이나 기름 또는 운모 등의 절연체(insulator)를 채웠을 때 정전용량을 C [F]라 하고 또 다른 하나는 진공으로 하였을 때 정전용량을 C_0 [F]라 하면 이때 두 콘덴서의 정전용량의 비는

$$\frac{C}{C_0} = \varepsilon_r \qquad (4-1)$$

가 되며 여기서 ε_r를 **비유전율**(relative permittivity)이라 한다.

비유전율은 축전기의 모양과는 상관없이 절연물의 종류, 온도, 밀도 등에 의해서 정해지는 정수이다. 또한 이와 같은 절연물을 **유전체**(dielectric)라 한다.

비유전율(specific dielectric constant)은 일반적으로 도체 이외의 모든 물질에 비하여 1보다 크지만 비유전율이 100 이상 아주 큰 물질을 **강유전체**(ferroelectrics)라 하며 압전협상이나 초전현상을 나타낸다.

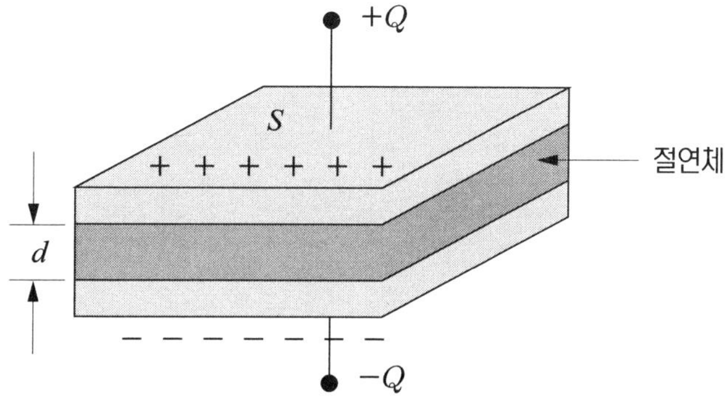

여기서 유전율(dielectric constant)을 ε 라 하고 진공의 유전율(dielectric con- stant of vacuum)을 ε_0 라 하면

$$\varepsilon = \varepsilon_0 \cdot \varepsilon_r \text{ [F/m]} \tag{4-2}$$

가 된다.

따라서 유전체를 삽입하였을 경우에 정전용량 C는

$$C = \varepsilon_r \cdot C_0 \text{ [F]} \tag{4-3}$$

가 되며 진공에 비교하여 유전체를 삽입하였을 때 전하 Q [C]는

$$Q = CV = C_0 \cdot V_0$$

$$\therefore V = \frac{C_0}{C} V_0 = \frac{1}{\varepsilon_r} V_0 \tag{4-4}$$

가 되므로 이때 전계의 세기 E 는

$$E = \frac{1}{\varepsilon_r} E_0 \tag{4-5}$$

가 된다.

[표 4-1] 매질의 비유전율

항목	매질(유전체)	비유전율(ε_r)	항목	매질(유전체)	비유전율(ε_r)
액체	변압기유	2.2~2.4	고체	종 이	1.2~2.5
	피마자유	4.3		테 플 론	2.1
	파라핀유	4.6		폴리에틸렌	2.3
	암모니아	22		폴리스티롤	2.5
	에틸알콜	24		고 무	2.3~2.6
	수산화나트륨	65		목 재	2~3
	물	80.7		유 리	3.5~4.5
기체	진 공	1.000000		자 기	5.0~6.5
	수 소	1.000264		운 모	5.5~6.5
	산 소	1.000547		베클라이트	4.5~7.0
	공 기	1.000586		실 리 콘	12
	질 소	1.000606	(강유전체)	수 정	86
	탄산가스	1.000985	(강유전체)	로 셀 염	100~1,000
	아황산가스	1.000997	(강유전체)	티탄산바륨	1,000~3,000

그러므로 유전체를 두 전극사이에 삽입할 경우는 삽입하지 않았을 경우보다 정전용량이 ε_r 배 만큼 증가하며 전계의 세기는 $1/\varepsilon_r$ 만큼 감소하게 된다.

Section 2. 진공과 유전체의 제법칙

1. 유전체의 유전율과 비유전율

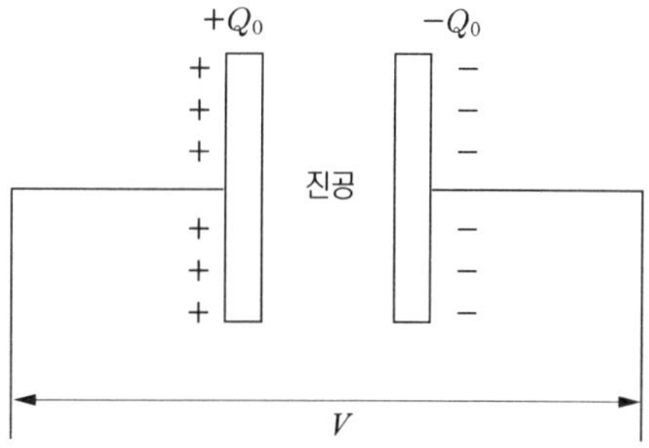

〈 진공 상태 〉

(1) 진공중인 경우의 전하를 Q_0 [C]이라고 하면

$$Q_0 = C_0 \cdot V\,[\mathrm{C}] \qquad (4\text{–}6)$$

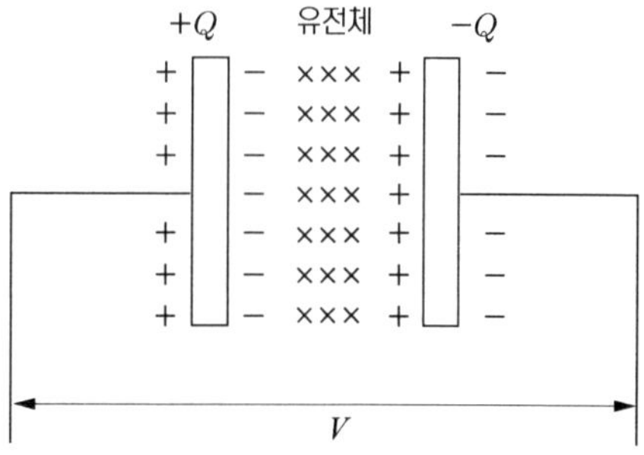

〈 유전체 〉

(2) 유전체를 삽입했을 경우의 전하를 Q [C]이라고 하면

$$Q = C \cdot V\,[\mathrm{C}] \qquad (4\text{–}7)$$

$$\therefore\ Q > Q_0$$

가 된다.

즉, 유전체를 넣은 경우의 전하가 진공중인 경우보다 크다.

$$\text{비유전율 } \varepsilon_r = \frac{Q}{Q_0} = \frac{C \cdot V}{C_0 \cdot V} = \frac{C}{C_0} > 1$$

2. 진공 중인 경우와 유전체를 넣었을 때의 제 법칙

진공중인 경우	유전체 삽입의 경우	비교
$F_0 = \dfrac{Q_1 Q_2}{4\pi\varepsilon_0 r^2}$	$F = \dfrac{Q_1 Q_2}{4\pi\varepsilon_0\varepsilon_r r^2}$	$\dfrac{1}{\varepsilon_r}$ 배 감소
$E_0 = \dfrac{Q}{4\pi\varepsilon_0 r^2}$	$E = \dfrac{Q}{4\pi\varepsilon_0\varepsilon_r r^2}$	$\dfrac{1}{\varepsilon_r}$ 배 감소
$V_0 = \dfrac{Q}{4\pi\varepsilon_0 r^2}$	$V = \dfrac{Q}{4\pi\varepsilon_0\varepsilon_r r}$	$\dfrac{1}{\varepsilon_r}$ 배 감소
(Q 일정) $W_0 = \dfrac{Q^2}{2\varepsilon_0}$	$W = \dfrac{Q^2}{2\varepsilon_r C_0}$	$\dfrac{1}{\varepsilon_r}$ 배 감소
(V 일정) $W_0 = \dfrac{1}{2} C_0 V^2$	$W_0 = \dfrac{1}{2} \varepsilon_r C_0 V^2$	$\dfrac{1}{\varepsilon_r}$ 배 증가

Section 3. 유전체의 정전용량 계산

1. 독립구 도체

$$C = 4\pi\varepsilon_0\varepsilon_r a\ [\mathrm{F}] = \frac{1}{9}\varepsilon_r a\ [\mathrm{F}] \qquad (4-8)$$

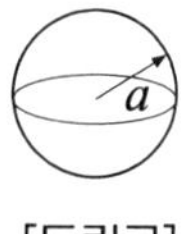

[독립구]

2. 동심구 도체

$$C = \frac{4\pi\varepsilon_0\varepsilon_r}{\dfrac{1}{a} - \dfrac{1}{b}}\ [\mathrm{F}] \qquad (4-9)$$

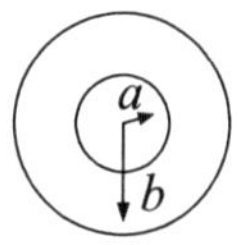

[동심구]

3. 동축원통 도체 사이

$$\mathrm{C} = \frac{2\pi\varepsilon_0\varepsilon_r l}{ln\dfrac{b}{a}}\ [\mathrm{F}] \qquad (4-10)$$

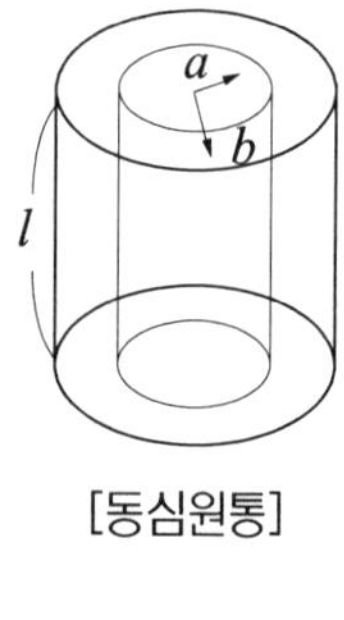

[동심원통]

단위 길이당 정전용량

$$C = \frac{2\pi\varepsilon_0\varepsilon_r}{ln\frac{b}{a}}\ [\text{F/m}] = 24.16\frac{\varepsilon_r}{\log\frac{b}{a}}\ [\text{pF/m}] \quad (4-11)$$

4. 평행판

$$C = \frac{\varepsilon_0\varepsilon_r S}{d}\ [\text{F}] \quad (4-12)$$

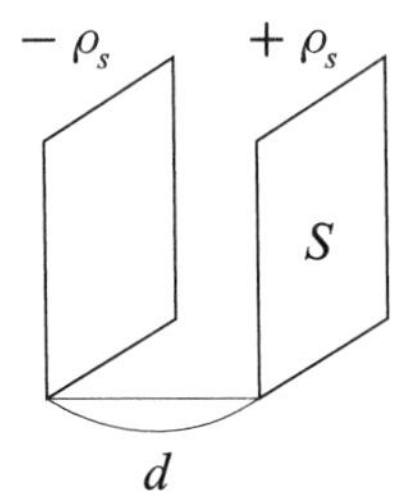

[평행판]

5. 평행 왕복 도선 사이

$$C = \frac{\pi\varepsilon_0\varepsilon_r l}{ln\frac{b}{a}}\ [\text{F}] \quad (4-13)$$

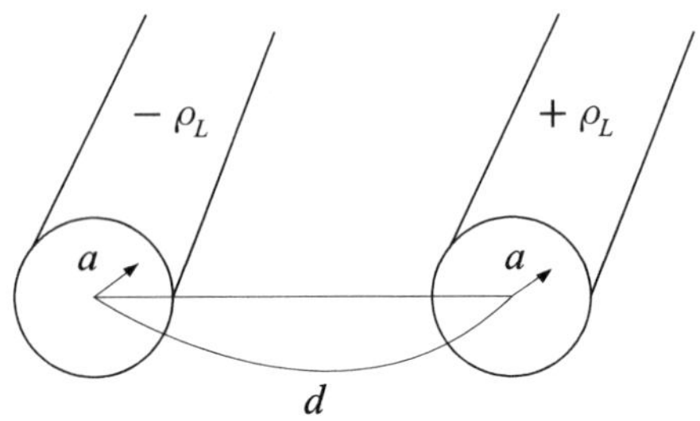

[평행 왕복 도선]

단위 길이당 정전용량 ($d \gg a$)

$$C = \frac{\pi\varepsilon_0\varepsilon_r}{ln\frac{b}{a}}\ [\text{F/m}] = \frac{12.08\ \varepsilon_r}{\log\frac{b}{a}}\ [\text{pF/m}] \quad (4-14)$$

Section 4. 복합 유전체로 된 콘덴서의 정전용량

1. 서로 다른 유전체를 극판과 평행하게 채우는 경우

가) ε_1의 부분의 정전용량

$$C_1 = \frac{\varepsilon_1 S}{d_1} \tag{4-15}$$

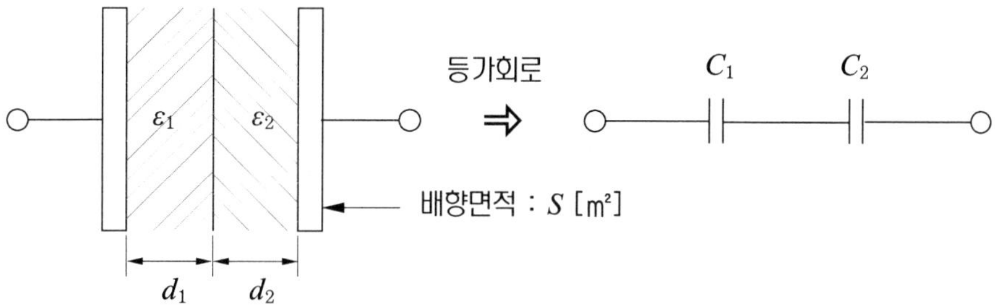

[서로 다른 유전체가 극판과 평행한 경우]

나) ε_2의 부분의 정전용량

$$C_2 = \frac{\varepsilon_2 S}{d_2}$$

다) 전체 정전용량

$$C = \frac{1}{\dfrac{1}{C_1} + \dfrac{1}{C_2}} = \frac{1}{\dfrac{d_1}{\varepsilon_1 S} + \dfrac{d_2}{\varepsilon_2 S}} = \frac{\varepsilon_1 \varepsilon_2 S}{\varepsilon_2 d_1 + \varepsilon_1 d_2} \text{ [F]} \tag{4-16}$$

2. 서로 다른 유전체를 극판과 수직하게 채우는 경우

가) ε_1의 부분의 정전용량

$$C_1 = \frac{\varepsilon_1 S_1}{d_1} \tag{4-17}$$

나) ε_2의 부분의 정전용량

$$C_2 = \frac{\varepsilon_2 S_2}{d_2} \tag{4-18}$$

다) 전체 정전용량

$$C = C_1 + C_2 = \frac{\varepsilon_1 S_1}{d} + \frac{\varepsilon_2 S_2}{d} = \frac{\varepsilon_1 S_1 + \varepsilon_2 S_2}{d} \ [\mathrm{F}] \tag{4-19}$$

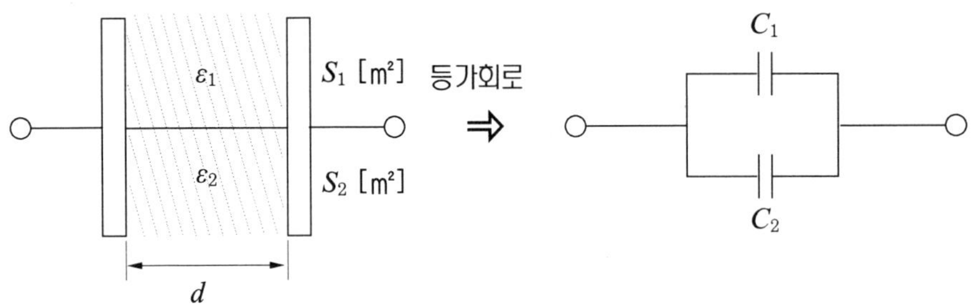

[서로 다른 유전체가 극판과 수직인 경우]

Section 5. 전자 분극

원자는 원자핵을 중심으로 전자운이 구대칭을 이루고 있다고 생각할 수 있다. 이에 외부 전계가 가해지면 아래 그림(4−1)과 같이 전계의 세기에 의한 전하의 변위가 일어나서 양전하의 중심인 핵의 위치와 음전하, 즉 전자운의 중심은 일치하지 않는다.

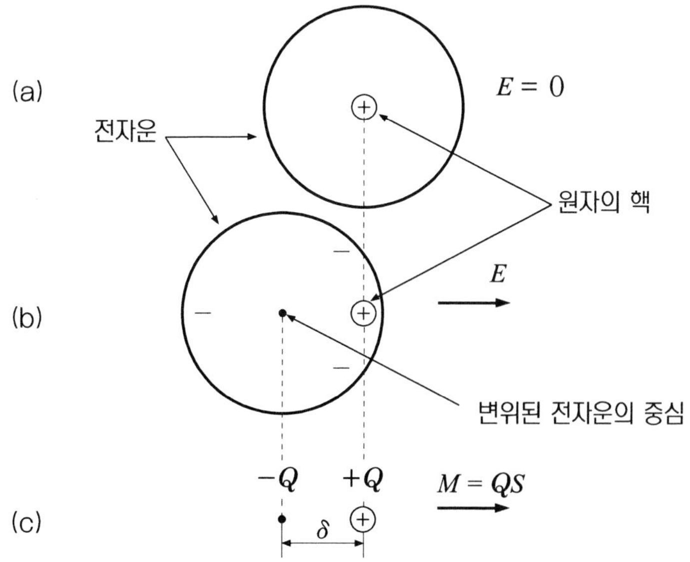

[그림 4-1] 전자분극

도체에 전계를 인가하면 전자의 이동으로 전류가 흐르지만 유전체가 있는 콘덴서 (condenser)에 전계를 인가하면 전자는 이동하지 못하고 (+)의 전하는 전계 방향으로 (−)의 전하는 전계의 반대 방향으로 극히 미소거리만큼 변위하므로 전기쌍극자(electric dipole)를 형성한다.

따라서 유전체 내부에서는 (+)와 (−)의 전하가 상쇄되어 전기적인 중성이 되지만 유전체 양단에는 분극전하에 의한 전계가 형성되어 (+)와 (−)의 전하가 나타나는데 이러한 현상을 **전자분극**(electric polarization)이라 한다. 여기서 분극 작용에 의해서 유도된 전하를 **분극전하**(polarization charge)라 하며 도체면에 대전된 전하를 **진전하**(true charge)라고 한다.

전극판의 진전하밀도를 σ [C/m²]라 하고 분극전하밀도를 σ' [C/m²] 라 하면 이때 유전체 내의 전계의 세기 E와 분극의 세기 P와의 관계는

$$E = \frac{\sigma - \sigma'}{\varepsilon_0} = \frac{\sigma - P}{\varepsilon_0} \text{ [V/m]} \qquad (4-20)$$

이다. 그러므로

$$\varepsilon_0 E = \sigma - P \qquad (4-21)$$

이고 또한 $\sigma = \varepsilon E$ 이므로

$$p = \sigma - \varepsilon_0 E = \varepsilon E - \varepsilon_0 E = \varepsilon_0 \varepsilon_x E - \varepsilon_0 E = \varepsilon_0(\varepsilon_x - 1)E \text{ [C/m}^2\text{]} \qquad (4-22)$$

가 된다.

여기서 η 를 매질의 **분극율**(polarizability)이라 하면

$$P = \eta E \text{ [C/m}^2\text{]} \qquad (4-23)$$

로서 이때 분극율 는

$$\eta = \varepsilon_0(\varepsilon_x - 1) \qquad (4-24)$$

가 된다.

또한 식 (4−24)을 ε_0 로 나누면

$$\frac{\eta}{\varepsilon_0} = \varepsilon_x - 1 = \eta_0 \quad (4-25)$$

가 되는데 여기서 η_0를 **비분극율**(non polarizability)이라 하며 그리고 유전체 내의 유전속밀도 $D = \varepsilon E$ [C/㎡]를 식 (4-22)에 대입시키면 분극의 세기 P는

$$P = \varepsilon_0 \varepsilon_x E - \varepsilon_0 E = D - \varepsilon_0 E \text{ [C/m}^2\text{]} \quad (4-26)$$

가 된다. 따라서

$$D = \varepsilon_0 \mathrm{E} + P = \varepsilon_0 E + \varepsilon_0 (\varepsilon_x - 1)\, E = \varepsilon_0 \varepsilon_x E = \varepsilon E = \rho \quad (4-27)$$

가 되므로 유전체 내의 유전속밀도 D [C/㎡]는 진전하밀도 σ와 같게 되어 유전속밀도는 분극의 영향을 받지 않는다.

또한 식 전계의 발산에서 체적 전하밀도를 ρ [C/㎡] 라 하면

$$\mathrm{div}\, E = \frac{\rho}{\varepsilon_0} \quad (4-28)$$

에서 $\mathrm{D} = \varepsilon_0 E$를 대입시키면

$$\mathrm{div}\, D = \rho \quad (4-29)$$

가 되는데 이것을 유전체(매질)에 대한 가우스 정리의 **미분형**이라 한다.

전기분극의 종류로서 전계의 세기로 인하여 원자의 핵(+)과 전자(−)는 미소 변위가 발생하여 대칭이 되지 않는 분극 현상을 **전자분극**(electronic polarization)이라 하며 정전하(+)와 부전하(−)의 이온(ion)으로 구성된 유전체에 전계의 세기를 인가하면 정전하 이온과 부전하 이온이 서로 반대 방향으로 이동해서 일어나는 분극 현상을 **이온분극**(ionic polarization)이라 하고 분자 중에는 전계의 세기가 작용하지 않아도 전기쌍극자를 형성하는 극성분자(polar molecule)가 전계와 같은 방향으로 배열되므로 발생하는 분극 현상을 **배향분극**

(orientational polarization)이라 한다.

Example 4-1 평행판 콘덴서의 전극간격이 1 [cm]이고 유전체의 비유전율이 4일 때 전압 100 [V]를 인가하면 분극의 세기 P는 얼마인가?

Solution 4-1 $P = \varepsilon_0(\varepsilon_r - 1)\,E$ [C/㎡]이므로

$$P = \varepsilon_0(\varepsilon_r - 1)\frac{V}{d}$$

$$= \frac{8.85\times 10^{-12}\times(4-1)\times 100}{0.01}$$

$$= 26.5\times 10^{-8}\ [\text{C/m}^2]$$

Section 6. 유전체에서의 경계면 조건

각각 다른 두 유전체(매질)의 경계면에 전계를 인가하면 두 유전체는 분극전하의 차이로 유전율이 큰 매질에서 유전율이 작은 매질에 끌려가는 힘이 발생하는데 이와 같은 힘의 작용을 **맥스웰 변형력**(maxwell's stress)이라고 한다.

1. 전계가 경계면에 수직인 경우

그림에서와 같이 유전율이 각각 ε_1과 ε_2의 유전체(매질)가 경계면을 이루고 있을 경우에 전계가 수직으로 가해지면 이때 경계면에 작용하는 힘의 크기를 알아보기로 하자.

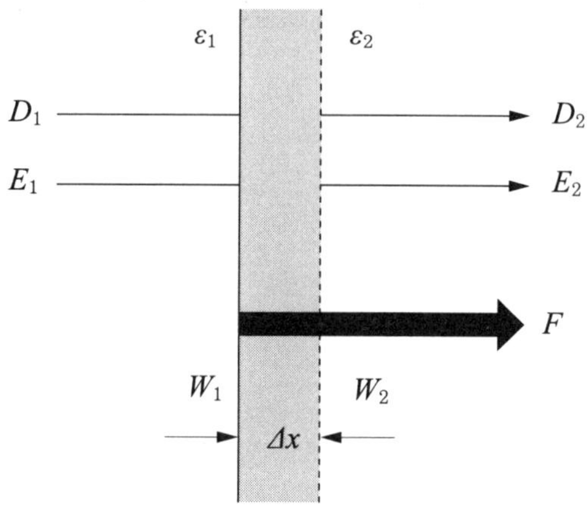

오른쪽 방향으로 유전체의 경계면이 미소거리 Δx [m] 만큼 변위되었다면 에너지 밀도

$W_2 = \frac{1}{2} E_2 D_2$ [J/m³]가 작용하여

$W_1 = \frac{1}{2} E_1 D_1$ [J/m³]의 공간 에너지 밀도로 변화하게 된다.

따라서 F가 경계면으로 Δx 만큼 이동하였을 때 F가 한 일은 단위 면적당 $F \cdot \Delta x$ 이어서 이

일의 양만큼 전기 에너지가 감소 $(-\Delta W)$ 하였으므로 이 때 $F \cdot \Delta x$ 는

$$F \cdot \Delta x = -(W_1 - W_2) \cdot \Delta x$$

$$\therefore F = -\frac{(W_1 - W_2) \cdot \Delta x}{\Delta x} = W_2 - W_1 = \frac{1}{2} E_2 D_2 - \frac{1}{2} E_1 D_1 \ [\mathrm{N/m^2}] \quad (4-30)$$

가 된다.

여기서 경계면에 전계가 수직으로 가해지면 유전속밀도 D는 경계 조건에서 $D_1 = D_2 = D$의 관계이므로

$$F = \frac{1}{2}(E_2 - E_1)\, D = \frac{1}{2}\left(\frac{1}{\varepsilon_2} - \frac{1}{\varepsilon_1}\right) D_2 \ [\mathrm{N/m^2}] \quad (4-31)$$

가 되어 $\varepsilon_1 > \varepsilon_2$ 일 때 $F > 0$ 이므로 유전율이 큰 매질(유전체)이 유전율이 작은 매질 쪽으로 끌려가는 힘이 작용한다.

2. 전계가 경계면에 평행인 경우

그림에서와 같이 유전율이 각각 ε_1 와 ε_2인 유전체(매질)의 경계면이 평행한 전극판에 전계가 평행으로 인가되면 이때 경계면에 작용하는 힘의 크기를 알아보기로 하자.

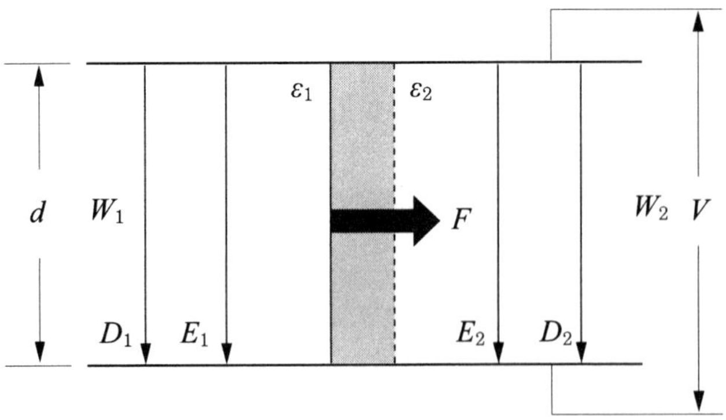

오른쪽 방향으로 유전체의 경계면이 미소거리 Δx [m] 만큼 변위되었다면 에너지 밀도의 변화량은 $(W_1 - W_2)\,\Delta x$ 만큼 감소하며 경계면의 단위 면적당 한 일은 $F \cdot \Delta x$ 이다.

따라서 Δx 부분의 유전속밀도가 D_2에서 D_1으로 변화하며 단위 체적당 공급되는 에너지는 전계가 경계면에 평행으로 인가되므로 경계조건에서 $E_1 = E_2 = E$의 관계가 되어

$$\Delta W_2 = V \cdot \Delta Q = Ed \cdot (D_1 - D_2)\,\Delta x = E(D_1 - D_2)\,d\Delta x \qquad (4-32)$$

가 된다.

그리고 경계면에서 F 만큼 작용하여 미소거리 Δx [m] 만큼 이동해서 $F \cdot \Delta x$ 의 일을 하였다면

$$F \cdot \Delta x = -\,(W_1 - W_2) \cdot \Delta x + E(D_1 - D_2) \cdot \Delta x$$

$$\therefore\ F = -\,\frac{(W_1 - W_2) \cdot \Delta x + E(D_1 - D_2) \cdot \Delta x}{\Delta x}$$

$$= E(D_1 - D_2) - (W_1 - W_2)$$

$$= E(D_1 - D_2) - \frac{1}{2} E(D_1 - D_2)$$

$$= \frac{1}{2} ED_1 - \frac{1}{2} ED_2\ [\mathrm{N/m^2}] \qquad (4-33)$$

가 된다.

또한 유전체의 경계면에서 유전속밀도 $D = \varepsilon E$의 관계이므로

$$F = \frac{1}{2}(D_1 - D_2)\,E = \frac{1}{2}(\varepsilon_1 - \varepsilon_2)\,E^2 \qquad (4-34)$$

가 되어 $\varepsilon_1 > \varepsilon_2$ 일 때 $F > 0$ 이므로 유전율이 큰 매질(유전체)이 유전율이 작은 매질 쪽으로 끌려가는 힘이 작용한다.

Example 4-2 전계가 경계면에 평행으로 인가될 때 자계의 세기가 8 [V/m]이며 유전율이 각각 $\varepsilon_1 = 5$이고 $\varepsilon_2 = 4$이라면 이때 유전체에 작용하는 힘 F는 얼마인가?

Solution 4-2

$$F = \frac{1}{2}(\varepsilon_1 - \varepsilon_2)E^2 = \frac{(5-4)\times 8^2}{2} = 32\ [\mathrm{N/m^2}]$$

Section 7. 패러데이관

유전체의 표면에 미소 면적에서 발산하는 유전속으로 이루어진 관을 **전기력관**(tube of electric force)이라 하며 +1 [C]의 진전하가 나와서 −1 [C]의 진전하로 그치는 관을 **패러데이관**(faraday's tube)이라 한다.

따라서 전기력선이나 유전속으로 취급하던 전계의 공간을 전하 분포 상태의 체적으로 채워서 유전체의 물리적인 성질로 나타내는 패러데이관을 정의하였을 때 단위 전하에는 1개의 유전속이 발산하므로 유전속의 수와 패러데이관의 수는 같으며 다음과 같은 성질을 알 수가 있다.

① 페러데이관내의 유전속 수는 일정하다.

② 패러데이관의 양단에는 정전하와 부전하가 존재한다.

③ 진전하가 없다면 패러데이관은 연속이다.

④ 패러데이관의 밀도는 유전속밀도와 같다.

그림에서와 같이 전계내에 V_1 [V]의 도체에서 V_2 [V]의 도체로 그치는 관에서 $\boldsymbol{Q}$를 진전하라 할 때 패러데이관이 가지는 에너지 W는

$$W = \frac{1}{2}QV = \frac{1}{2}(+1)V_1 + \frac{1}{2}(-1)V_2 = \frac{1}{2}(V_1 - V_2)\ [\mathrm{J}] \tag{4-35}$$

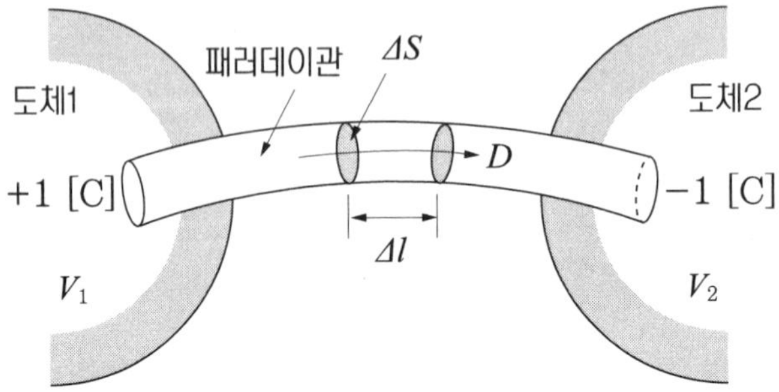

이므로 패러데이관 내의 매질에서는 1 [V]의 단위 전위차당 1/2 [J]의 에너지를 저축하게 된다.

Section 8. 경계면에서 작용하는 힘

유전체 경계면에서 작용하는 힘을 살펴보면, 아래 그림[4-2]와 같이 전속선은 유전율이 큰 쪽으로 접속되고 정전력은 유전율이 작은 쪽으로 작용한다.

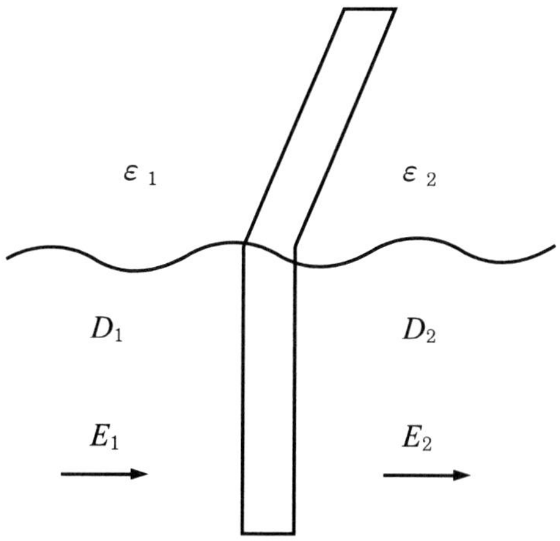

[그림 4-2] 경계면

1. 전계가 경계면에 수직으로 입사 ($\varepsilon_1 > \varepsilon_2$)

전계가 수직으로 입사할 경우, θ =0°이므로 경계면 양측에서 전속밀도가 같게된다.

따라서 $D_1 = D_2 = D$ [C/m²]로 표시할 수 있다.

이때 경계면에 작용하는 단위 면적당 작용하는 힘은 $f = \frac{D^2}{2\varepsilon}$ [N/m²] 이므로

ε_1에서의 힘은 $f_1 = \frac{D^2}{2\varepsilon_1}$ [N/m²]

ε_2에서의 힘은 $f_2 = \frac{D^2}{2\varepsilon_2}$ [N/m²]가 된다.

이때 전체적인 힘 f는 $f_2 > f_1$ 이므로 $f = f_2 - f_1$ 만큼 작용한다.

따라서 $f = \frac{D^2}{2\varepsilon_2} - \frac{D^2}{2\varepsilon_1} = \frac{1}{2}\left(\frac{1}{\varepsilon_2} - \frac{1}{\varepsilon_1}\right) D^2$ [N/m²]

2. 전계가 경계면에 수평으로 입사 $(\varepsilon_1 > \varepsilon_2)$

전계가 수평으로 입사할 경우, θ =90°이므로 경계면 양측에서 전계가 같게 된다.

따라서 $E_1 = E_2 = E$ [V/m]로 표시할 수 있다.

이때 경계면에 작용하는 단위 면적당 작용하는 힘은 $f = \frac{1}{2}\varepsilon E^2$ [N/m²] 이므로

ε_1에서의 힘은 $f_1 = \frac{1}{2}\varepsilon_1 E^2$ [N/m²]

ε_2에서의 힘은 $f_2 = \frac{1}{2}\varepsilon_2 E^2$ [N/m²]가 된다.

이때 전체적인 힘 f는 $f_1 > f_2$ 이므로 $f = f_1 - f_2$ 만큼 작용한다.

따라서 $f = \frac{1}{2}\varepsilon_1 E^2 - \frac{1}{2}\varepsilon_2 E^2 = \frac{1}{2}(\varepsilon_1 - \varepsilon_2)E^2$ [N/m²] 가 된다.

Section 9. 단절연

단절연은 절연효과를 증대 시킬 목적으로 사용되며, 동축 케이블에서 절연층의 전계의 세기를 거의 일정하게 유지할 목적으로 도선에서 가까운 곳은 유전율이 큰 것으로, 도선에서 먼 곳은 유전율이 적은 것으로 절연하는 방법으로 $\varepsilon_1 > \varepsilon_2 > \varepsilon_3$로 절연하는 것을 단절연이라고 한다.

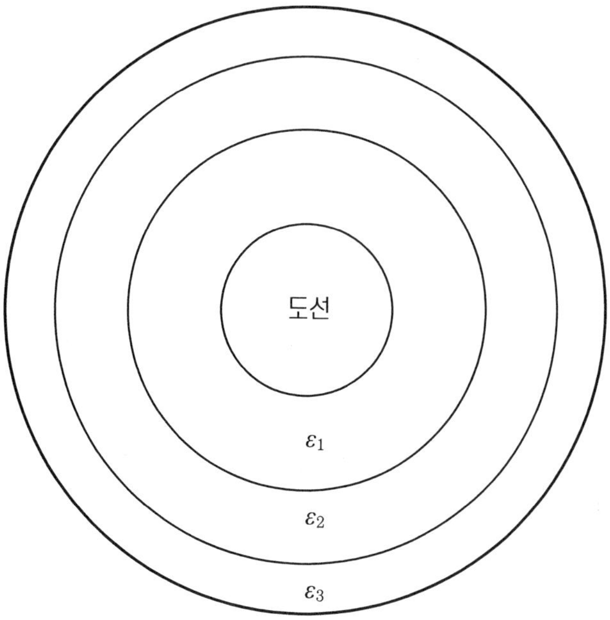

[그림 4-3] 단절연

Section 10. 전기 영상법

전기 영상법(method of electrical image) 이라 함은 광학에서 거울면에 의하여 이어지는 영상과 같이 도체나 유전체의 경계면에 대하여 맺어지는 전기적 영상에 의하여 도체나 유전체에 의한 복잡한 영향을 배제하고 주어진 정전계를 쉽게 해석할 수 있는 등가적으로 치환하여 정전계의 문제를 풀이하는 방법을 말한다. 이 방법은 매우 효과적으로 직접 풀이를 할 수 있는 것이지만 일반적으로 적용되는 것이 아니고 무한 도체 표면, 구도체, 쐐기형 도체, 원통 도체, 반무한 유전체를 포함하는 몇몇 특수한 경계치 문제에 국한되는 단점을 가지고 있다.

전계 내에 도체가 있거나 여러 개의 유전체가 상호 접하여 있으면 전하 분포를 알고 있더라도 전위 분포를 간단히 구할 수는 없다.

그래서 포아송의 방정식과 라플라스의 방정식을 수학적으로 해석하여 미분 방정식을 풀지 않으면 안 된다.

그러나 도체의 전하 분포와 경계 조건을 충족시킬 수 있다면 전하를 가상하여 간단히 도체 주위의 전계의 세기를 구할 수 있다.

이때 도체의 전하를 가상한 점전하를 **영상**(image)이라 하고 영상을 사용해서 정전계를 구하는 방법을 **전기영상법**(electric image method)이라 한다.

1. 평면 도체와 점전하

그림에서와 같이 도체의 표면 A, B에서부터 거리 d [m]인 P 점에 점전하 Q [C]가 있을 때 전계의 세기를 구하면 P' 점의 점전하 $-Q$ [C] 을 가상하여 평면 도체를 제거하더라도 전계의 세기는 변하지 않는다.
이 때 P' 점 를 **영상점**(image point)이라 하고 $-Q$ [C]을 **영상전하**(image charge)라 한다.

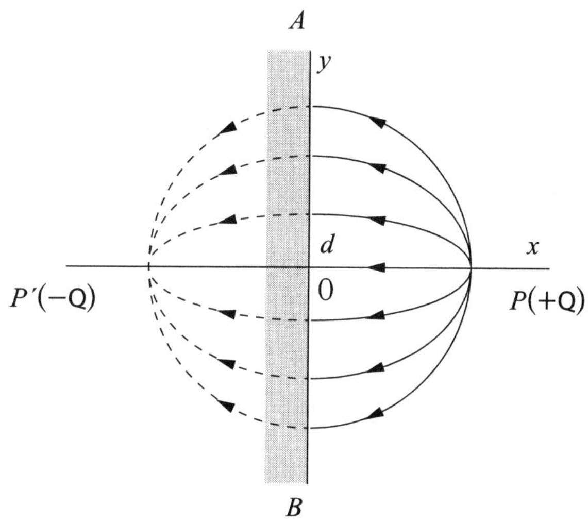

따라서 도체 표면의 어떤 위치에서도 전위는 0이 되며 여기서 도체면상의 면전하밀도가 σ [C/m²] 일 때 $x = 0$, $y = 0$ 인 도체면상의 0점에서는 전하밀도가 최대가 되므로

$$|\sigma|_{max} = \frac{Q}{2\pi d^2} \text{ [C/m}^2\text{]} \qquad (4-36)$$

가 된다. 또한 도체 표면의 유도 전하와 점전하 사이의 작용하는 인력은 점전하 +Q [C]와 영상 전하 $-Q$ [C] 사이에 작용하는 힘과 같으므로

$$F = \frac{Q(-Q)}{4\pi\varepsilon_0(2d^2)} = \frac{-Q^2}{16\pi\varepsilon_0(d^2)} \text{ [N]} \qquad (4-37)$$

가 되며 여기서 F를 **영상력**(image force)이라 하고 − 부호는 흡인력이 작용함을 의미한다.

Example 4-3 무한 평면도체의 표면으로부터 2 [m] 떨어진 곳에 4 [C]의 점전하가 있을 때 도체표면과 전하가 작용하는 힘 F는 얼마인가?

Solution 4-3

$$F = \frac{-Q^2}{16\pi\varepsilon_0(d^2)} = \frac{4^2}{16\times3.14\times8.855\times10^{-12}\times2^2}$$

$$= -\frac{16}{1779.5\times10^{-12}} = -8.99\times10^9\ [\mathrm{N}]$$

2. 도체구와 점전하

그림에서와 같이 반경 a [m]인 접지 도체구의 도체 중심으로부터 d [m] 떨어진 H점에 점전하 Q [C]가 있을 때 구면상의 어느 점이나 전위가 0이 되는 H' 점에 영상 전하 Q' 를 가상하였을 때 접지 도체구에는 H 점의 점전하 Q [C]의 정전유도에 의하여 도체구의 표면에는 (−)전하가 분포된다.

그러나 도체구 표면에는 전하의 분포가 균일하지 않으며 Q [C]에 가까운 표면에 집중적인 전하가 분포되고 있다.

따라서 도체구 내부의 임의의 H'점에 영상전하 Q' [C]을 가상하여 놓고 두 점전하 사이에 전계의 세기를 구할 수가 있다.

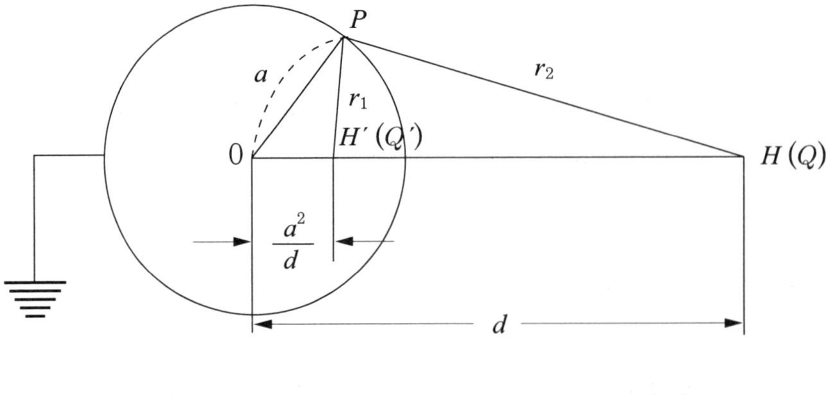

여기서 점 H'를 점 H의 구면에 대한 **상반점**(inverse point)이라 하며 **접지 도체구**의 점전하 Q [C] 간에 작용하는 힘 F는

$$F = -\frac{adQ^2}{4\pi\varepsilon_0(d^2 - a^2)^2} \text{ [N]} \tag{4-38}$$

가 되어 전하 Q를 도체구에 끌어 당기는 인력이 작용한다.

그러나 **비접지 도체구**의 점전하에서 도체구와 점전하 Q [C] 간의 작용하는 힘 F_0는

$$F_0 = -\frac{a^3Q^2(2d^2 - a^2)}{4\pi\varepsilon_0 d^3(d^2 - a^2)^2} \text{ [N]} \tag{4-39}$$

가 되어 P점의 위치에 따라 인력이 될 수도 있고 척력이 될 수도 있다.

Example 4-4 접지된 도체구의 반지름이 1 [m]이고 도체 중심으로부터 2 [m] 떨어진 점의 점전하가 5 [C] 이라면 이때 도체구와 점전하 Q 사이에 작용하는 힘 F는?

Solution 4-4

$$F = -\frac{adQ^2}{4\pi\varepsilon_0(d^2 - a^2)^2} = -\frac{1\times 2\times 5^2}{4\times 3.14\times 8.855\times 10^{-12}\times(2^2-1^2)^2}$$

$$= -49.95\times 10^9 \text{ [N]}$$

Part 5.
전류

Section 1. 전류의 정의

1. 개요

정(+), 부(−) 전하가 대전된 도체에 가는 도선을 연결하면 두 대전체 사이에는 전위차에 의하여 전하의 이동 현상이 일어난다. 이 전하의 이동을 **전류**라고 하고, 이 전류의 세기는 도체 내의 임의의 단면을 단위 시간에 통과하는 전하로 정의한다. 전류는 I로 표기하고 단위는 [A]로 표시하고 **암페어**(Ampere)라고 읽는다.

도선에 흐르는 전류 I는 단위 시간당 전하의 이동이므로

$I = \frac{Q}{t} = \frac{ne}{t}$ [C/sec = A]이다.

여기서, n : 전하의 수, e : 전하량이다. [단위 : C/sec = A]

또한 시간에 따라 전하의 이동이 변화하면 $i = dq/dt$ [A]로 표현한다.

따라서 Q [C]의 전기량이란 전류(I)와 시간(t)의 곱을 말한다.

$$Q = I \times t \text{ [C]} \qquad (5\text{-}1)$$

여기서, 쿨롱(coulomb)은 전기량의 단위이며, [C]로 표시한다.

한편, 전류는 아래 그림과 같이 +(plus)에서 −(minus)로 흐르고 전자는 반대로 (−)에서 (+)로 흐른다.

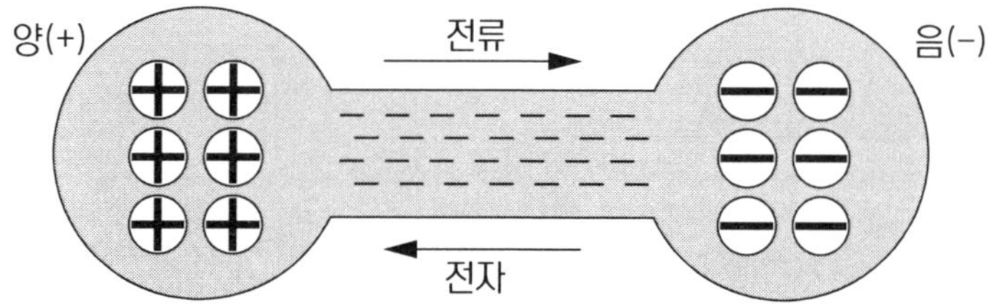

2. 보조 단위

1 [A] = 1,000 [mA] (밀리 암페어)

1 [mA] = 1,000 [μA] (마이크로 암페어)

$$1\ [\text{mA}] = 10^{-3}\ [\text{A}] = \frac{1}{1{,}000}\ [\text{A}]$$

3. 누설전류

반도체(semi-conductor)나 절연체(insulator)에 전압을 인가할 경우 이것을 통하여 흐르는 미소 전류를 누설전류(leakage current)라고 한다.

4. 전류의 종류

전류는 크게 3가지(직류, 교류, 맥류)로 구분한다.

1) 직류

① 직류(direct current)를 의미하며 DC로 표시한다.

② 도면 표시

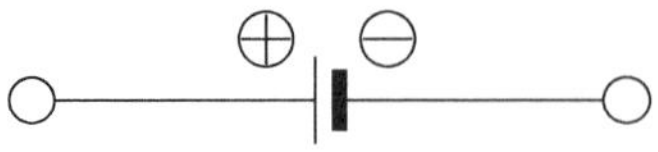

③ (+)와 (−)가 정하여져 있어 전류의 방향과 흐르는 양이 일정하다.

④ 응용분야 : 건전지, 연축전지 등이 있다.

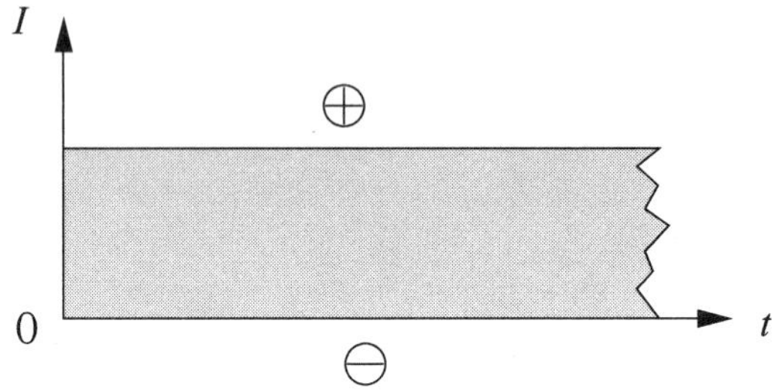

2) 교류

① 교류(alternating current)를 의미하며 AC로 표시한다.

② 도면 표시

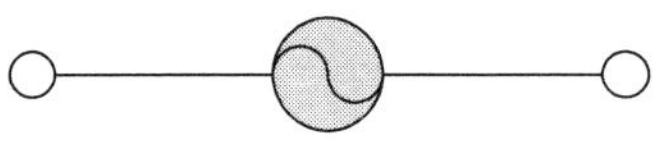

③ 일정한 주기로 (+)와 (−)가 바뀌므로 전류의 방향이 수시로 변동하고 주파수(frequency)를 가진다.

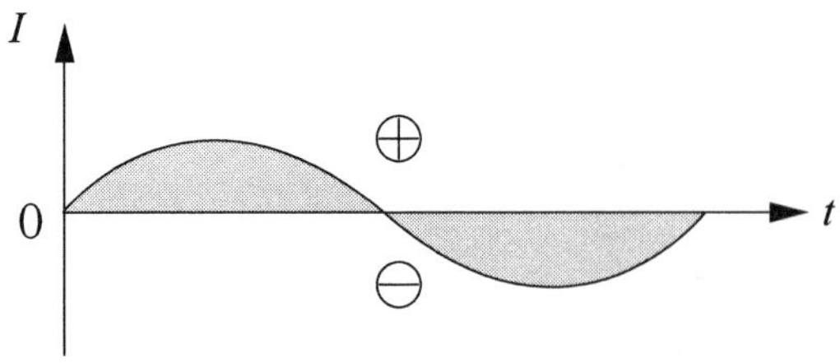

④ 응용분야 : 가정용 전기 등이 있다.

3. 맥류

① 맥류(pulsating current)를 의미하며 PC로 표시하기도 한다.

② 직류와 교류의 합성이다.

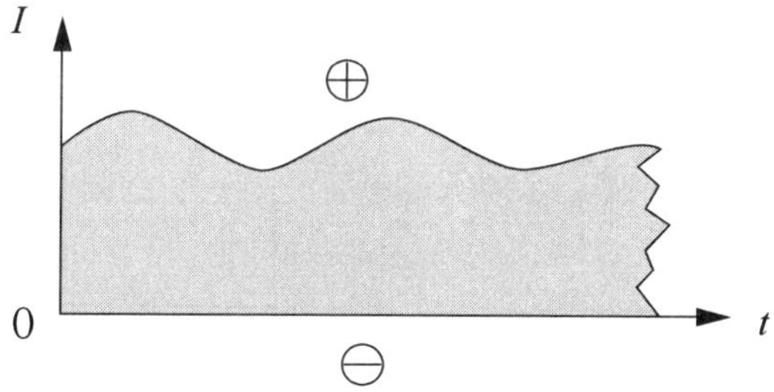

③ 직류 성분 위에 교류 성분이 포함돼 있어 주파수를 내포한다.

④ 응용분야 : 전화의 음성 세력 등이 있다.

4. 전류 밀도

전류의 방향에 직각인 면적 ΔS [m²]를 취하여 이 면적에 ΔI [A] 의 전류가 흐르고 있는 경우를 의미한다.

전류밀도(current density) 식은 아래와 같이 정의한다.

$$J = \frac{\Delta I}{\Delta S}\ [\mathrm{A/m^2}]$$

Example 5-1 어떤 도체 단면에 60초 동안 600 [C]의 전기량이 지나갔다. 이때의 전류 크기를 계산하면 얼마인가?

Solution 5-1

$$I = \frac{Q}{t} = \frac{600\ [\mathrm{C}]}{60\ [\mathrm{sec}]}\ 10\ [\mathrm{A}]$$

Section 2. 전압의 정의

1. 개요

전압은 전류를 흐르게 하는 힘을 말하며, 두 지점간의 전위차를 말한다.

전압은 E로 표기하고 소문자 e로도 나타내며, 단위는 [V]로 표시하고 **볼트**(volt)라고 읽는다.

Tip. 주파수(周波數)

1초 동안의 전압이 극성이 바뀐 횟수를 말하며, 주파수의 표기는 일반적으로 f로 나타낸다. 주파수의 단위는 [Hz]로 표시하며 헤르츠(Hertz)로 읽는다. 보조단위로는1 [kHz]=1,000 [Hz]를 사용하며, 우리나라의 상용 주파수(frequency)는 60 [Hz]이고, 인간이 들을 수 있는 주파수 범위(가청주파수)는 16 [Hz]~20,000 [Hz]이다. 또한, 전파의 파장을 계산하면 다음 식과 같다.
주파수 f [Hz] 일 때 파장 λ(람다)는 [m]이다.

2. 보조 단위

1 [KV] = 1,000 [V]

1 [V] = 1,000 [㎷]

3. 전압의 크기

1 [V] 란 1 [C]의 전기량이 이동할 때 1 [Joule]의 일을 하는 전위차를 뜻하며, 어떤 도체를 통해서 Q [C]의 전기량이 일정하게 이동하여 J의 일을 하였다고 하면 전압 V는

$$V = \frac{\Delta J}{\Delta Q} \text{ [V]} \qquad (5-2)$$

한편, 물이 높은 곳에서 낮은 곳으로 흐르듯이 전기도 높은 전위에서 낮은 전위로 흐르게 되는데 이러한 차이를 **전위차**(potential difference)라고 하며 또한 **전압**(voltage)이라고 한다.

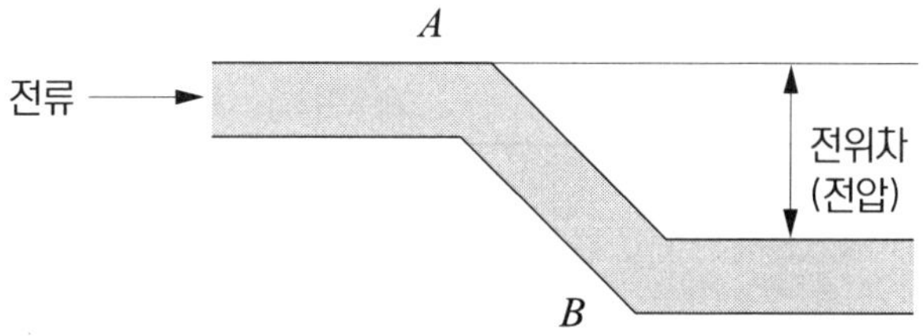

Example 5-2 4,600 [J]의 일을 하였을 때 200 [C]의 전기량이 이동하였다면 이때 전압은 얼마인가?

Solution 5-2 $E = \frac{J}{Q} = \frac{4,600}{200}$ 23 [V]

4. 기전력

아래 그림과 같이 양전기(+)는 부하 [R]를 통하여 (−)로 전류가 흐르게 되는데 이렇게 전류를 흐를 수 있게 하는 힘을 **기전력**(electromotive force : emf)이라 한다.

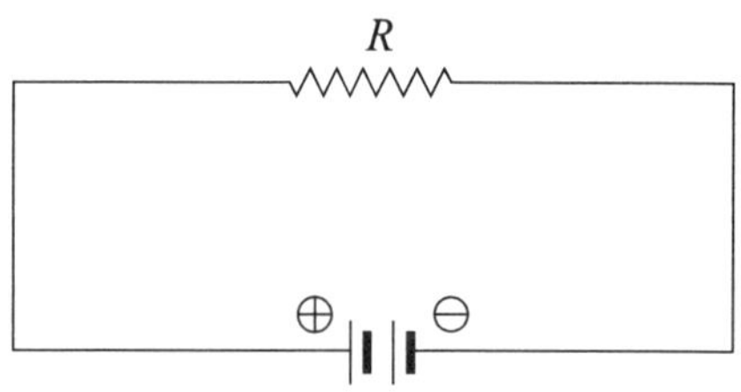

Section 3. 전기 저항

1. 개 요

옴의 법칙에서 비례상수인 R은 도체의 종류, 형상 및 온도에 따라 각각 다른 값을 갖지만 형상 및 온도가 일정할 때는 도체의 종류에 따라 정해지는 상수이다.

저항은 전류의 흐름을 방해하는 작용을 말하며, 저항의 표기는 R 로 하고 소문자로도 나타낸다. 저항의 단위는 [Ω]로 표시하며 **옴**(ohm)이라고 읽는다.

아울러, 1 [Ω]이란 1 [V]의 전위차에 대하여 1 [A]의 전류를 흐르게 하는 저항의 값을 말한다.

2. 저항의 표시

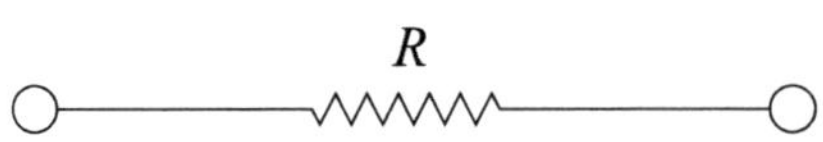

3. 보조단위

1 [MΩ] = 1,000 [KΩ]　　M : 메가(mega)

1 [KΩ] = 1,000 [Ω]　　K : 킬로(kilo)

1 [MΩ] = 10^6 [Ω]

4. 컨덕턴스(conductance)

저항의 역수로서 $G = \frac{1}{R}$ 이며, 표기는 G로 나타낸다.

단위는 [℧]로 표시하고 **모**(mho)라고 읽으며 또는 지멘스(siemens)라고도 하고 [S]로 나타내기도 한다.

Section 4. 옴의 법칙

1826년 독일학자 옴(Ohm)은 실험적으로 전위차(전압)와 전류와의 관계를 **도체에 흐르는 전류는 도체 양단간의 전위차에 비례하고 도체의 저항에 반비례한다**는 것을 증명하였다.

옴의 법칙(ohm's law)은 전류 · 전압 · 저항의 관계를 독일의 옴(G. S. Ohm)이 실증한 법칙이다.

즉, 전류는 전압에 비례하고 저항에 반비례한다는 법칙으로 I는 전류, E는 전압, R은 저항일 때

$$I = \frac{V}{R} \text{ [A]} \qquad (5-3)$$

로 나타낸다. 그러므로

$$V = I \cdot \mathrm{R} \text{ [V]}$$

$$\mathrm{R} = \frac{V}{I} \text{ [}\Omega\text{]} \qquad (5-4)$$

가 된다.

따라서 위의 식에서 전압 · 전류 · 저항 세 가지 중에 두 가지만 알 수 있다면 한 가지는 수식 계산으로 알 수 있다.

Example 5-2 전압이 100 [V] 일 때 전류 5 [A]가 흐른다면 이 때 부하 저항은 얼마인가?

Solution 5-2

$$R = \frac{V}{I} = \frac{100}{5} = 20\ [\Omega]$$

Section 5. 저항 접속

1. 직렬 접속(series connection)

직렬접속은 저항을 일렬로 연결하는 방법이다. 따라서 합성저항은 증가한다.

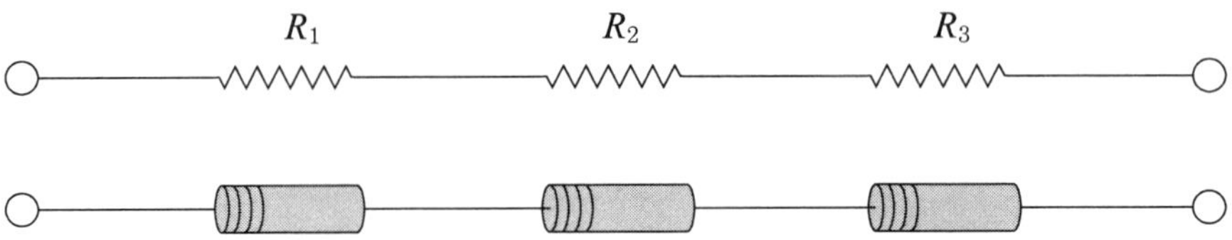

$$R = R_1 + R_2 + R_3 \tag{5-5}$$

2. 병렬 접속(parallel connection)

병렬접속은 저항의 양쪽 끝을 각각 연결하는 방법이다. 따라서 합성저항은 감소한다.

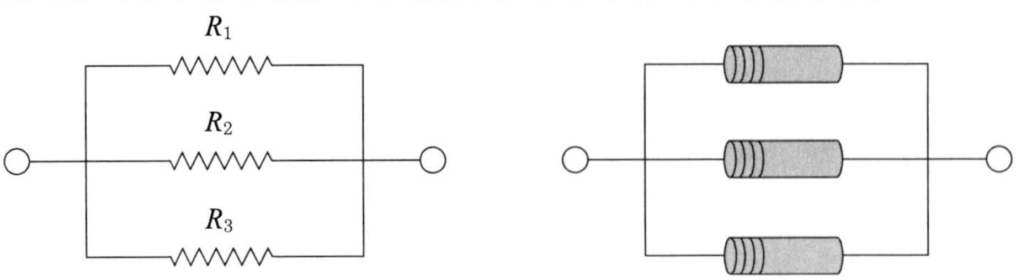

$$R = \cfrac{1}{\cfrac{1}{R_1} + \cfrac{1}{R_2} + \cfrac{1}{R_3}} \qquad (5-6)$$

참고로, 저항 2개를 병렬 접속하였다고 하면

ⓐ 저항치가 각각 다를 경우 ($R_1 > R_2$ 또는 $R_1 < R_2$)

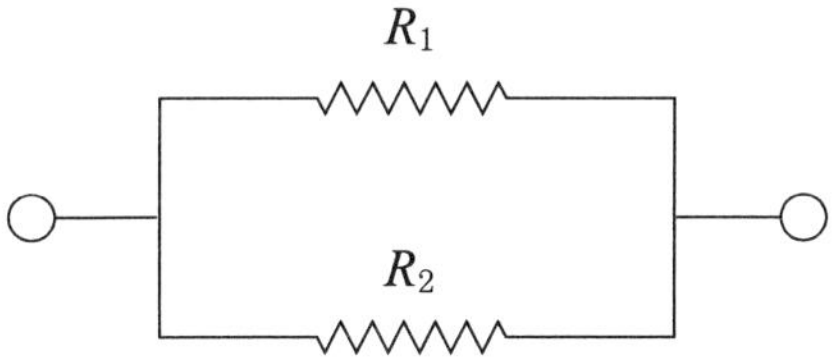

$$R = \frac{R_1 \cdot R_2}{R_1 + R_2} \qquad (5-7)$$

ⓑ 저항치가 같은 경우 ($R_1 = R_2$)

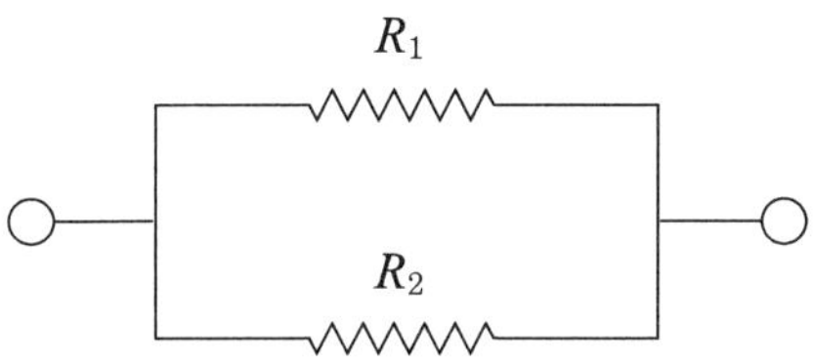

$$R = \frac{R_1}{2} = \frac{R_2}{2} \qquad (5-8)$$

Example 5-3 다음과 같은 회로의 A, B 양단의 합성저항은 얼마인가?

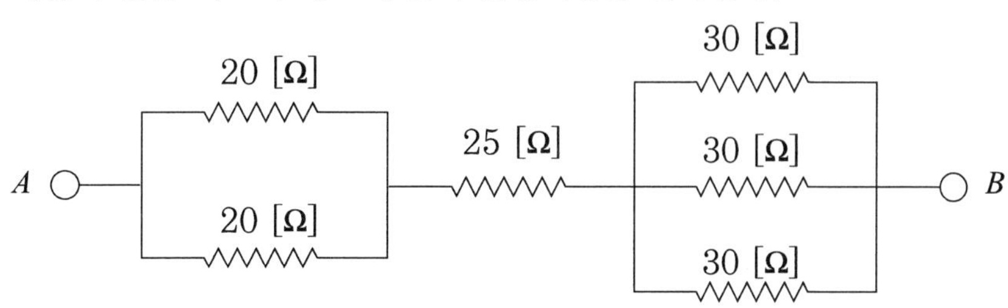

Solution 5-3

$$R = \frac{20}{2} + 25 + \cfrac{1}{\cfrac{1}{30} + \cfrac{1}{30} + \cfrac{1}{30}} = 45\ [\Omega]$$

Section 6. 저항과 온도계수

도체 내의 자유전자는 도체의 온도가 높아지면 원자 격자의 열진동이 격렬하게 되어 전계에 의하여 가속된 전자와의 충돌 횟수가 많게 되어 저항이 증가하므로 전지저항은 일반적으로 온도의 상승에 따라 증가하게 된다. 이에 반하여 절연체나 전해액 또는 반도체에서는 온도상승과 더불어 저항이 감소하는 경향이 있다.

저항 값은 도체의 온도와 함께 그 값이 변화하며, 또한 그 변화율은 물질에 따라 달라진다. 이때 어떤 물질이 t_1 [℃]에서 저항을 R_1이라 하고 t_2 [℃]에서 저항을 R_2, 온도계수(temperature coefficient)를 a라 하면

$$a = \frac{R_2 - R_1}{R_1 \cdot \mathrm{t}} \qquad R_2 = R_1 \cdot (1+at) \qquad at = \frac{a}{1 + at} \qquad (5\text{-}9)$$

이다. 여기서 $t = t_2 - t_1$ 이고 순수한 금속은 a의 값이 1/273 정도이며 표준 연동의 a의 값은 1/234.5 [1/℃] 이다.

Example 5-4 18℃에서 어떤 도체의 저항이 100[Ω]이다. 이때 20℃에서 저항 값이 500[Ω]이라고 하면, 온도계수(a)는 얼마인가?

Solution 5-4 $t = t_2 - t_1 = = 20 - 18 = 2℃$

$$a = R_2 - \frac{R_1}{R_1} \qquad t = 500 - \frac{100}{100} \times 2 = 2$$

Section 7. 도체저항과 저항율

1. 도체저항

도체는 전기를 잘 통과시키지만 재질에 따라 약간의 저항 성분이 있으며 온도가 일정하고 크기가 같다면 저항은 변하지 않으나 크기나 모양이 변하면 저항치는 변하게 된다.

그림과 같이 가로를 x [m], 세로를 y [m] 그리고 길이 l을 z [m]라 하면 단면적 $S = x \cdot y$ [m²]이다.

여기서 ρ 를 고유저항(저항률)이라고 하면 도체저항 R은

$$R = \rho \frac{l}{S} \, [\Omega] \qquad (5-10)$$

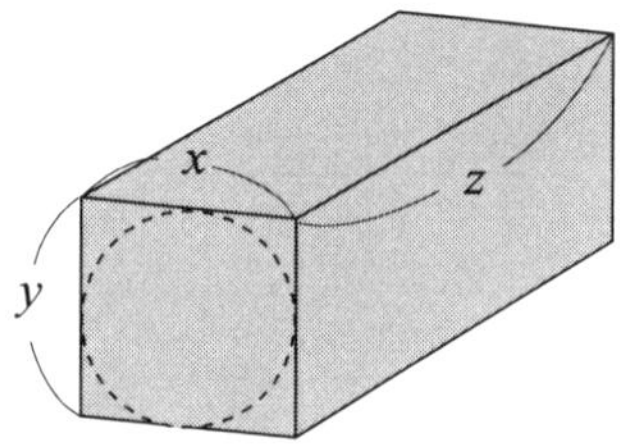

이다.

위의 식에서 알 수 있는 바와 같이 도체저항은 길이에 비례하고 단면적에 반비례하므로 길이가 길면 저항은 많아지고 단면적이 넓으면 저항은 줄어든다.
그러므로 전기줄을 사용할 때는 될 수 있으며 거리를 단축시키고 전기줄의 단면적이 굵은 것을 사용해야 전류를 잘 통과시켜 열 발생을 방지할 수 있다.

2. 저항율 또는 비저항(resistivity)

고유 저항이란 글자 그대로 그 물질만 가지고 있는 고유한 저항을 뜻하며 고유저항 ρ는

$$\rho = R\frac{S}{l}\ [\Omega \cdot \mathrm{m}] \qquad (5\text{-}11)$$

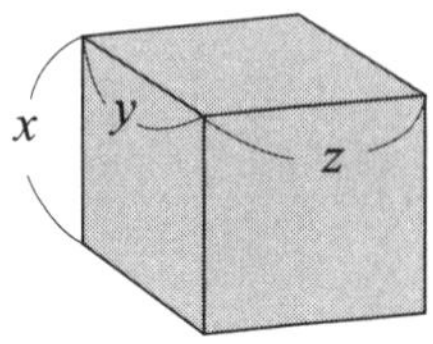

가 되고 도체의 각 변의 길이가 1 [m]가 되는 입방체의 저항을 나타낸다.

〈 고유저항 [m^3]〉

금속의 종류	20℃에서 10^{-8} Ω · m	금속의 종류	20℃에서 10^{-8} Ω · m
은(Ag)	1.62	니켈(Ni)	7.24
구리(Cu)	1.724	순철(Fe)	10
금(Au)	2.40	백금(Pt)	10.5
알루미늄(Al)	2.83	망간(Mn)	34
텅스텐(W)	5.48	수은(Hg)	95.8
아연(Zn)	6.1	니크롬	100

Section 8. 주울의 법칙

저항 R에 전류 I가 흐르면 $V = RI$ 만큼의 전압강하가 발생한다. 따라서 이것을 통과하는 전하는 단위전하로 전압강하 만큼의 일을 하게 된다. 이 일은 전하가 도체를 통과할 때 단위전하당 발생하는 기계적인 저항으로 적용되어 결국 열의 형태로 변환된다. 즉 저항이 있는 도체에 전류가 흐르면 열이 발생하는데, 이 열을 주울열이라고 한다.

즉 아래 그림(5-1)과 같이 전기저항 R인 도체에 전류 I를 흐르게 하면 도체 내에 I^2R 의 열이 발생한다. 이러한 현상은 영국의 주울(J.P Jpule)에 의해 1840년에 측정되었다. 도체 중의 두 점(A, B)의 전위를 각각 V_A, V_B로 하면 A, B 사이에는 $V_A - V_B = V$의 전위차가 발생한다. 이때 $V_A \rangle V_B$로 하면 고전위 점에서 저전위 점으로 정(+)의 전하가 이동하게 된다. 이때 전하 dQ가 시간 사이에 전위차 V를 통해서 이동했다고 하면, 전계가 1초 동안에 하는 일은 다음 식(5-12)와 같다.

$$P = V\frac{dQ}{dt} = VI(VA) = (\frac{JC}{CS}) = (\frac{J}{S}) = (W) \qquad (5-12)$$

(여기서 $\frac{dQ}{dt} = 1$)로 된다.

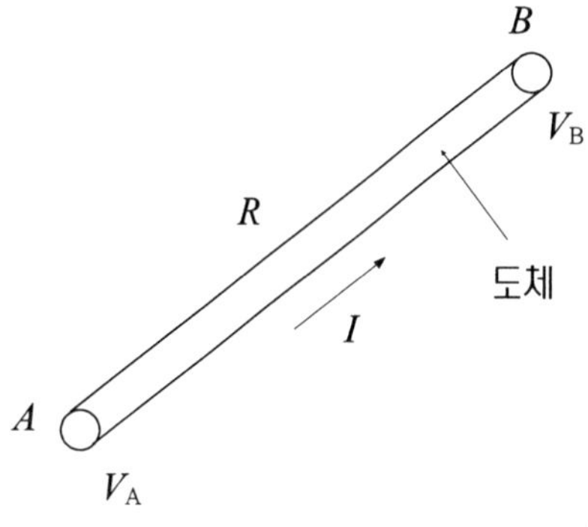

[그림 5-1] 주울의 법칙

이것을 전력이라고 하며, 단위는 $\frac{J}{S}$ 로 주어지는데, 이것을 와트(watt)라고 하며, 기호는 [W]로 표시한다. 또한, 옴의 법칙에서 $V = RI$ 의 관계가 있기 때문에 식 (5-12)는

$$P = VI = \frac{V^2}{R} = I^2R \text{ [W]} \tag{5-13}$$

로 된다.

이때 전력은 모두 저항 중에 상실되어 열에너지로 변한다. 식 (5-12)의 관계를 주울의 법칙(Joule's law)이라고 하며 이때의 발생 열을 주울열이라고 한다. 그런데 열에너지의 단위로는 칼로리(cal)가 사용되고 칼로리와 주울열 사이에는 열의 일당량 이라고 하는 1 [cal] = 4.185 [J]의 관계가 있기 때문에 식 (5-13)을 칼로리로 표시하면

$$P = \frac{1}{4.185} I^2R \text{ [cal/S]} \tag{5-14}$$

가 된다.

따라서 t 초 동안의 발열량 H를 구해보면 다음 식과 같다.

$$H = P \cdot t = \frac{1}{4.185} I^2Rt = 0.24\, I^2Rt \text{ [cal]} \tag{5-15}$$

로 된다.

또, 전력[W]과 시간[h]와의 적을 전력량이라고 하며, 단위는 와트시(Watt hour, Wh)로 표시한다. 전력의 단위를 킬로와트(kilowatt, kW)로 표시하면 전력량의 단위는 킬로와트시(kWh)로 표시한다.

Example 5-4 전력 600 [W]의 전열기로 물 1 [l], 20 [℃](= T_1)에서 100 [℃](=T_2)까지 온도를 높이는데 필요한 시간을 구해보시오.
이때, 물을 높이는데 사용되는 열량은 전열기 발생 열량의 75(%)(전열기의 효율)로 한다.

Solution 5-4 구하는 시간을 t [s], 효율을 ζ 라고 하면, 질량 m [kg] ,

비열 c ($\frac{\text{cal}}{k \cdot ℃}$) 의 물질을 온도 T (= T_2 − T_1)까지 높이는데

소요되는 열량은 cmT [cal]이고, 전열기에 의해 발생한 열에너지는 $0.24pt$ [cal]이기 때문에 $0.24pt\zeta = cmT$ [cal]로 된다. ……(1)

이 경우 물의 밀도 = $1\ (\frac{\text{g}}{\text{cm}^3}) = 10^3\ (\frac{\text{kg}}{\text{cm}^3})$, 체적 = 1×10^{-3} [m³]

$T = 100 - 20 = 80$ [℃], $c = 1\ (\frac{\text{cal}}{\text{g℃}}) = 10^3\ (\frac{\text{cal}}{\text{kg℃}})$, $\zeta = \frac{75}{100} = 0.75$

이므로 이것을 식(1)에 대입하면

$$t = \frac{10^3 \times 10^3 \times 1 \times 10^{-3} \times 80}{0.24 \times 600 \times 0.75} = 740\ [\text{s}] = 12.3\ [\text{min}]$$

가 된다.

Section 9. 열전현상

1. 제어백 효과

그림(5-2)과 같이 종류가 다른 두 종류의 금속(A, B)을 연결하여 폐회로를 만들고 두 접합점의 온도를 다르게 하면, 이 폐회로에 기전력이 생겨서 전류가 흐르게 된다. 이때 폐회로에 흐르는 전류를 **열전류**, 열전류를 발생시키기 위한 기전력을 **열기전력**이라 한다. 이러한 한 쌍의 금속을 **열전대**(thermo-couple)라 하고 이러한 현상을 열전효과(또는 제어백효과, seebeck effect)라 한다.

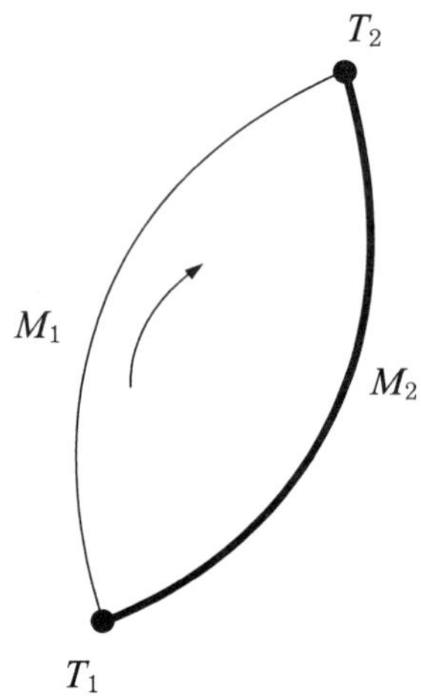

[그림 5-2] 열전류

열기전력이 발생하는 이유는 T_1점과 T_2점의 온도차가 있으므로 고온부에서 저온부쪽으로 자유전자가 이동하여 두 금속의 양단에 전위차를 일으키기 때문이다.

이때 양 접촉부의 온도차를 $\Delta T = T_2 - T_1$라 하고, 열기전력을 ΔV라고 하면

$$Q = \frac{\Delta V}{\Delta T} \text{ 또는 } Q = \frac{dV}{dT} \qquad (5-16)$$

로 정의하여 Q를 열전능이라고 한다.

또, Q는 실험적으로 온도에 관해서 1차식으로 표시되는 것으로 알려져있으며

$$Q = a + bT \qquad (5-17)$$

로 주어진다.

여기서 a, b는 금속의 종류에 따라 주어지는 열전상수이고, T는 온도차이다.

만약 접합점의 온도가 T_1, T_2 일 때 열기전력은

$$v = \int_{T1}^{T2} QdT = \int_{T1}^{T2} (a + bT)dT = a(T_2 - T_1) + \frac{1}{2} b(T_2^2 - T_1^2) \qquad (5-18)$$

이 된다.

열전대로 사용되는 금속은 동, 콘스탄탄, 백금, 아르멜, 크로멜 등이 있으며, 용광로 속의 온도측정이나 온도제어 등에 사용된다.

2. 펠티어 효과

두 종류의 금속으로 폐회로를 만들어 여기에 전류를 흘리면 양 접촉점에서 한쪽은 온도가 상승하고 다른 한쪽은 온도가 내려가서 열의 발생 또는 흡수가 생기고 전류를 반대방향으로 변화시키면 열의 발생부와 흡수부가 바뀌는 현상이 일어난다. 이것은 펠티어가 발견한 현상으로 펠티어 효과(Peltier effect)라고 한다.

예를들면, *Sb*(안티몬), *Bi*(비스마스)를 접촉시켜 *Sb*에서 접촉면을 통해 *Bi*로 전류를 흘려보내면 그 면에 열이 발생하고 반대로 전류를 흐르게 하면 열이 흡수되어 온도가 내려간다. 이러한 현상을 이용하여 저온을 얻는 것을 전자냉동이라고 한다.

펠티어 효과에 의해 발생한 열량 H는 두 종류의 금속 접촉면을 통한 전기량 Q [C]에 비례(P)하기 때문에 그 면을 전류 I [A]가 시간 t [s] 동안 통과했다고 하면,

$$H = PQ = PIt\ [\text{cal}] \tag{5-19}$$

로 표시된다.

이 비례정수 P를 펠티어 계수라고 한다. $Sb \rightarrow Bi$에 있어서 P의 수치는 0 [℃]일 때 $10.7 \times 10^{-3} \left(\frac{\text{cal}}{C} \right)$이다.

3. 톰슨 효과

동일한 금속도선에서 두 점에 온도차를 주고 전류를 통하면 도선 속에서 열이 발생하거나 흡수되는 현상을 **톰슨효과**(Thomsom effect)라고 한다. 두 점의 온도를 각각 T_1, T_2로 했을 때 통과한 전기량은 Q [C], 열량을 H라고 하면,

$$H = Q\int \sigma dt\ [\text{cal}] \tag{5-20}$$

가 되고, σ는 금속의 종류 및 온도에 따라 결정되는 상수로 **톰슨계수**라고 한다.

Section 10. 키르히호프 법칙

몇 개의 저항과 몇 개의 기전력을 합쳐서 연결하여 이루어지는 복잡한 회로를 일반적으로 회로망(electrical network)이라 한다. 회로망 중에는 임의의 지로에 대한 전류와 기전력을 구할 때 옴의 법칙만으로는 불가능하므로 다음과 같은 키르히호프(Kirchhoff)의 법칙을 사용한다.

이 법칙은 전류의 연속성과 열 최소원리를 사용하여 회로의 전류를 계산하는 간단한 방식으로 제1법칙과 제2법칙으로 분리하여 아래와 같이 설명할 수 있다.

1. 제1법칙(전류법칙, KCL)

이 법칙은 전류의 연속성을 표시하는 법칙으로 회로 내의 임의의 접합점에 유입하는 전류와 유출하는 전류의 대수 합은 0이다. 다시 말해서, 임의의 접합점에서의 입력전류의 총합은 출력전류의 총합과 같다는 의미이다. 이때 접합점(junction)이라는 것은 2개 이상의 소자가 연결되는 점을 말한다.

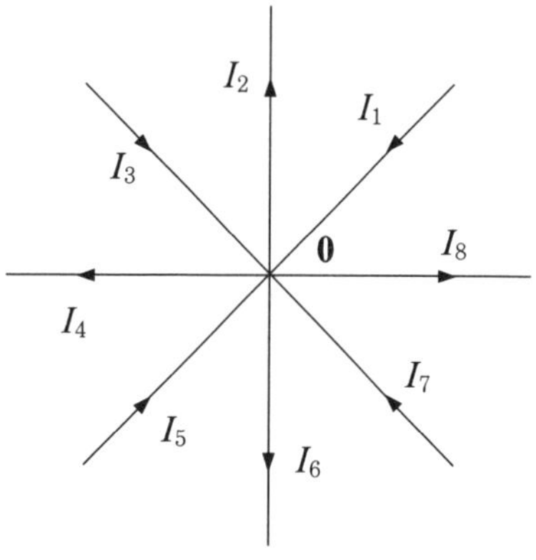

[그림 5-3] 키르히호프 전류법칙

위 그림(5-3)에서 접속점 0에 유입하는 전류는 (+), 유출하는 전류를 (-)라고 하면, 유입 전류는 I_1, I_3, I_5, I_7, 유출전류는 I_2, I_4, I_6, I_8 이므로 제1법칙에 의해서 표시하면,

$$I_1 - I_2 + I_3 - I_4 + I_5 - I_6 + I_7 - I_8 = 0 \qquad (5-21)$$

이 식(5-21)을 다른 식으로 표시하면

$$\Sigma I_n = 0$$

Example 5-5 다음 회로에서 전류 I_2, I_4, I_6 를 구하시오.

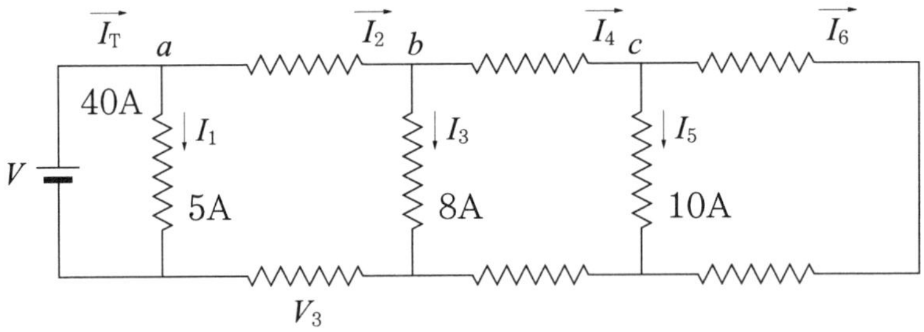

Solution 5-5 이 회로에서 3개의 접속점 a, b, c에서 키르히호프의 전류법칙을 적용하여 미지의 전류를 각각 구할 수 있다.
접속점 a에서, $I_T = I_1 + I_2$를 이용하여 $I_2 = I_T - I_1 = 40-5 = 35$ [A]
접속점 b에서, $I_2 = I_3 + I_4$를 이용하여 $I_4 = I_2 - I_3 = 35-8 = 27$ [A]
접속점 c에서, $I_4 = I_5 + I_6$를 이용하여 $I_6 = I_4 - I_5 = 27-10 = 17$ [A]

2. 제2법칙(전압법칙, KVL)

키르히호프 전압법칙은 임의의 폐회로를 한 방향으로 일주하면서 취한 전압의 대수합은 0이다.

이것을 식으로 표시해 보면,

$$\Sigma V_n = 0 \qquad (5-22)$$

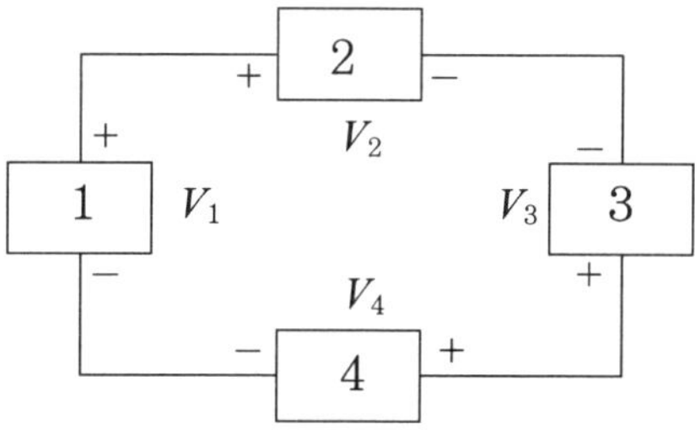

[그림 5-4] 키르히호프 전압법칙

이 법칙을 적용함에 있어서 일주하는 방향으로의 전압상승은 (+)로 하고, 전압강하는 (−)로 해야 한다. 위 회로(그림 5−4)에서 각 소자에 걸리는 전압을 시계방향으로 적용하면 V_1, V_3는 전압상승이고, V_2, V_4는 전압강하가 되는데, 다음의 세 가지 방법 중 하나로 키르히호프의 전압법칙을 적용할 수 있다. 결과는 어느 방법으로 하던지 동일하다.

전압상승의 합 = 0 $\quad V_1 - V_2 + V_3 - V_4 = 0$

전압강하의 합 = 0 $\quad -V_1 + V_2 - V_3 + V_4 = 0$

각 소자에서 (+) 부호가 붙은 단자에서 들어가면 (+)로 하고, (−)부호가 붙은 단자에서 들어가면 (−)로 한다.

$$-V_1 + V_2 - V_3 + V_4 = 0 \qquad (5-23)$$

이는 **임의의 폐회로에서 한쪽 방향으로 일주하면서 취한 전압상승의 대수합은 전압강하의 대수합과 같다**는 것을 의미한다. 일주하는 방향은 시계방향(또는 반시계방향) 어느쪽으로 하여도 그 결과는 같게 된다.

아래 그림에서 시계 방향으로 *KVL*을 적용하면,

V는 전압상승(+)이고, IR_1, IR_2, IR_3는 전압강하(−)이므로 다음의 식이 성립한다.

$$V - IR_1 - IR_2 - IR_3 = 0 \qquad (5-24)$$

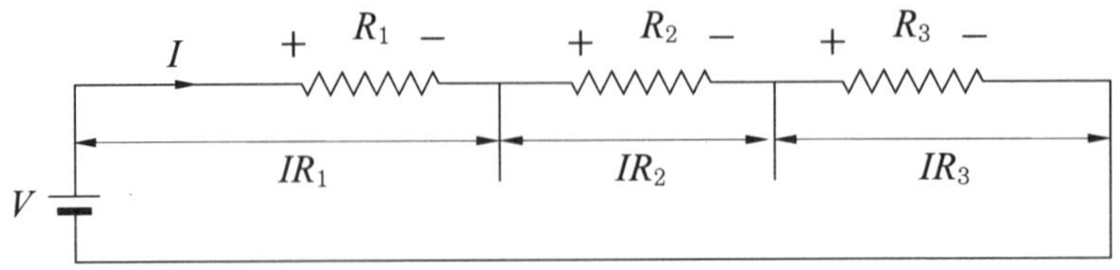

[키르히호프의 전압법칙]

또한 반시계 방향으로 KVL을 적용하면,

V는 전압강하(−)이고, IR_1, IR_2, IR_3는 전압상승(+)이므로 다음식이 성립한다.

$$-V + IR_1 + IR_2 + IR_3 = 0 \tag{5-25}$$

이 들 두식은 다음 식으로 정리할 수 있는데, 이것은 좌변은 시계방향으로의 전압상승이고, 우변은 시계방향으로의 전압강하를 나타낸다.

$$V = IR_1 + IR_2 + IR_3 \tag{5-26}$$

Example 5-5 아래 회로에서 V_1 = 4 [V], V_2 = 7 [V], V_3 = 8 [V] 일 때, 인가전압 V는 얼마인가?

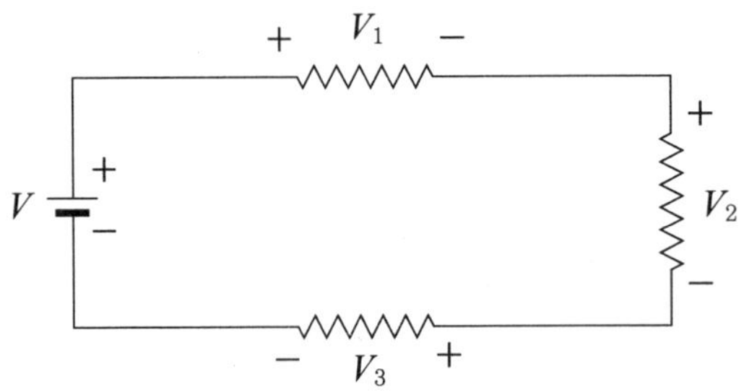

Solution 5-5 키르히호프 전압법칙(KVL)을 이용하여 폐회로에 대해 시계방향으로 전압상승식을 적용하면 다음과 같다.

$$V - V_1 - V_2 - V_3 = 0$$

$$V = V_1 + V_2 + V_3 = 4+7+8 = 19 \text{ [V]}$$

Part 6.
자성체

Section 1. 자기현상

1. 자 기

두 개의 자석 상호간에 흡인력이나 반발력이 작용하고 또 자석이 철을 끌어 당기는 현상 등을 자기현상이라고 한다. 일반적으로 진공 중에 놓인 하나의 자석은 그 주위의 공간에 자기적 작용을 미치지만 그 작용이 강한 부분은 자석의 양쪽 끝 가까이에 있는데, 이것을 자극이라고 한다. 자극의 세기는 그 자극에 있는 자기에 의해 정해지며 자속의 단위는 웨버(Wb)로 표시한다.

자철광(magnetite)이 철을 끌어당긴다는 것은 오래 전부터 알려져 있었으며 자석의 어원은 지중해 연안 소아시아의 마그네시아(magnesia)라는 지방에서 생산되는 자철광에서 유래되었다. 따라서 자기(magnetism)란 자철광(Fe_2O_3)이 쇳조각이나 쇳가루를 끌어당기는 성질을 뜻한다.

① 자석(magnet) : 자기의 성질을 가지고 있는 물체

② 자력(magnetic force) : 자석이 다른 물체에 끼치는 힘

③ 자계(agnetic field) 또는 자장 : 자기력의 영향을 주는 공간

④ 자화(magnetize) : 다른 물체를 자석으로 만드는 것

⑤ 자속(magnetic flux) : 면적당 자력선 수

⑥ 자극(magnetic pole) : 자기의 세기가 가장 강한 부분

⑦ 자축(magnetic axis) : 양극을 이어 놓은 선

⑧ 자하(magnetic charge) : 자극의 자기량

2. 자 석

1) 자석의 성질

① 같은 극끼리 밀어낸다 – 반발 또는 척력

② 다른 극끼리 끌어당긴다 – 흡인 또는 인력

2) 자석의 종류

- 자석
  - 천연자석 – 자철광
  - 인공자석
    - 일시자석 – 전자석 등
    - 영구자석 – 말굽 자석, 자침, 막대자석 등

3) 자축

자석은 회전이 자유로울 때 N극은 북극을 가리키고 S극은 남극을 가리키게 되는데 이때 N과 S극을 이은 선을 자축이라 한다.

Section 2. 쿨롱의 법칙

자석은 같은 극은 서로 반발하고 다른 극은 흡인하는 성질이 있고, 다른 물질을 자기유도하여 끌어당기는 힘이 있다. 이와 같이 자극에서 나오는 가상선을 자력선(line of magnetic force)이라고 한다. 또 이 가상선의 세기, 즉 자극의 세기를 정량적으로 나타내는 것이 자기량 또는 자하량이라 한다. 이를 편의상 자하라고 하는데, 기호는 m, 단위는 MKS 유리화단위계로 진공 중에 같은 세기의 두 점자극을 1 [m] 거리에 놓았을 때 작용하는 힘 6.33×10^4 [N]이 될 때의 자극을 1웨버(Weber)라 하여 [Wb]로 표기한다.

두 자극 사이의 힘에 관한 작용으로서 두 자극간에 작용하는 힘의 크기는 두 자극의 곱에 비례하고 두 자극 간의 거리의 제곱에 반비례한다.

이때 두 점자극(point magnetic pole)의 세기를 m_1, m_2, 자극간의 거리를 r, 상호간의 작용하는 힘을 F라고 할 때

$$F = K\frac{m_1 m_2}{r^2} \text{ [Newton]} \qquad (6-1)$$

의 관계가 성립된다.

여기서 K는 비례 상수이며 m_1과 m_2의 극성이 N이면 (+)이고 S이면 (−)의 부호를 붙이며 또한 F가 (−)이면 인력이고 (+)이면 척력을 나타낸다.

MKS 단위계에서 진공 중에 같은 세기의 두 점자극이 1 [m]의 거리에 있을 때 작용하는 힘을 6.33×10^4이 되는 것을 1 [Wb]의 단위라 하면 쿨롱의 법칙(coulomb's law)에서 F는

$$F = 6.33 \times 10^4 \frac{m_1 m_2}{r^2} = \frac{1}{4\pi\mu_0} \cdot \frac{m_1 m_2}{r^2} \text{ [N]} \tag{6-2}$$

가 되며 이때 μ_0는 진공의 투자율(permeability of vacuum)이다.

Example 6-1 공기 중에서 크기가 $m_1 = 2\times10^{-4}$ [Wb]이고 $m_2 = 3\times10^{-5}$ [Wb]의 두 개의 점 자극이 1 [cm] 떨어져 있을 때 자극 사이에 작용하는 힘은?

Solution 6-1

$$F = 6.33\times10^4 \frac{m_1 m_2}{r^2} = 6.33\times10^4 \frac{(2\times10^{-4})\times(3\times10^{-5})}{(1\times10^{-2})^2}$$

$$= 3.798 \text{ [N]}$$

Section 3. 자계의 세기

1. 자기력선 (line of magnetic force)

자석 주위에 철편을 놓으면 힘이 작용한다. 이와 같이 자석에서 나오는 힘의 선, 즉 자력선이 나와서 영향을 미치게 된다. 이 작용하는 공간을 **자장** 또는 **자계**라고 한다.

또 종이 위에 쇳가루를 놓고 밑에다 자석을 대면 쇳가루는 자화되어 많은 환형 곡선을 이루게 된다. 이것은 쇳가루가 작은 자석이 되어 곡선을 이루게 되는 것인데 즉, 단위 점자극이 이동하는 가상적인 선을 **자기력선** 또는 **자력선**이라 한다.

여기서 자기력선의 총수 N는

$$N = \frac{m}{\mu_0}\ [\text{개}] \qquad (6-3)$$

이며 자기력선의 성질은 다음과 같다.

① 자기력선의 방향은 N(북극)에서 S(남극)로 흐른다.

② 자기력선은 서로 반발한다.

③ 자기력선의 밀도는 자극이 강한 곳은 크고 자극이 약한 곳은 작아진다.

④ 자기력선은 서로 교차하지 않는다.

⑤ 자기력선에 단면적을 수직으로 통과하는 자기력선의 수는 그점에 자계의 세기와 같다.

2. 자계의 세기

자기력(magnetic force)이 영향을 주는 공간을 자계라 하며 자계 내에서 임의의 점에 단위 점자극 +1 [Wb]를 놓았을 때 단위 점자극이 받는 힘을 그 점에 **자계의 세기**(intensity of magnetic field)라 한다.

여기서 자기력이 작용하는 임의의 공간 H [N/Wb] 되는 점에 점자극 m [Wb]를 놓았을 때 점자극에 작용하는 힘 F는

$$F = mH \text{ [N]} \qquad (6-4)$$

이며 이때 자계의 세기 H는

$$H = \frac{F}{m} \text{ [N/Wb]} \qquad (6-5)$$

가 된다.

따라서 식 (6−2)에서 $m_1 = m_2 = m$ 일 때

$$H = \frac{1}{4\pi\mu_0} \cdot \frac{m}{r^2} \text{ [AT/m]} \qquad (6-6)$$

Example 6-2 자극량이 5 [Wb]이고 자계의 세기가 100[AT/m] 일 때 점자극이 작용하는 힘 F는 얼마인가?

Solution 6-2

F = mH = 5 × 100 = 500 [N]

Section 4. 자위

자계 내에 무한원점(자력선이 영향이 없는 곳)에서 자계 중위 한 점 까지 단위 양의 자극(+1 Wb)을 운반하는데 소요되는 일을 그 점에 대한 자위(magnetic potential)이라고 한다.

아래 그림에서와 같이 P점의 점자극이 자석과 같은 극일 때는 서로 반발하게 되는데 이때 자계 내에서 단위 점자극 +1 [Wb]를 무한원점에서 r [m]까지 이동시키려면 에너지가 필요하게 된다.

즉, P점의 자극을 이동시키는데 소요되는 일을 그 점에 대한 자위라 한다.

따라서 P점의 자위 U는

$$U = -\int_{\infty}^{r} H \cdot dr = \frac{m}{4\pi\mu_0 r} \text{ [AT]} \qquad (6-7)$$

가 되며 자위의 단위는 [AT] 또는 [J/Wb] 가 사용된다.

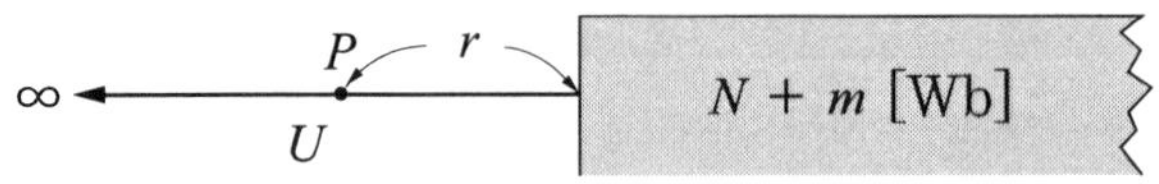

여기서 자계 H 내에서 단위 점자극을 dl 만큼 변위시켰을 때 소요되는 에너지(일) 즉, 자위의 증가 dU는

$$dU = -H\cos\theta dl \ [\text{J/Wb}] \qquad (6-8)$$

로 되며 이때 θ는 H와 dl이 만드는 각으로서 0°라 하면 자위 경도(potential gradient)는

$$H = -\frac{dU}{dl} = -\text{grad}\ U \ [\text{AT/m}] \qquad (6-9)$$

가 되는데 즉, 자계의 세기는 자위 경도(기울기)와 같다는 의미이다.

Example 6-2 진공중에서 자하량이 10 [Wb] 인 한 점자극에서 10 [cm] 떨어진 점의 자위 U는 얼마인가?

Solution 6-2

$$U = \frac{1}{4\pi\mu_0}\cdot\frac{m}{r} = 6.33\times10^4 \times \frac{10}{10\times10^{-2}} = 6.33\times10^6 \ [\text{AT/m}]$$

Section 5. 자기 쌍극자

자기 분자설은 오늘에 와서 물질의 구조에 적용되는 웨버(Weber)의 자기 분자설로 어떠한 물질이든 그 물질 속에는 작은 자석이 수 없이 많이 있다고 하였다.

그림에서와 같이 자화가 되지 않았을 때에는 작은 분자들이 제멋대로 있다가 자계가 인가되면 모든 분자는 질서 정연하게 일렬로 서게 된다. 그러므로 자석을 절단하더라도 절단된 자석들은 자기 분자설에 의하여 각각의 자석이 되는데 여기서 물질 속에 있는 소자석을 **자기 쌍극자**라고 한다

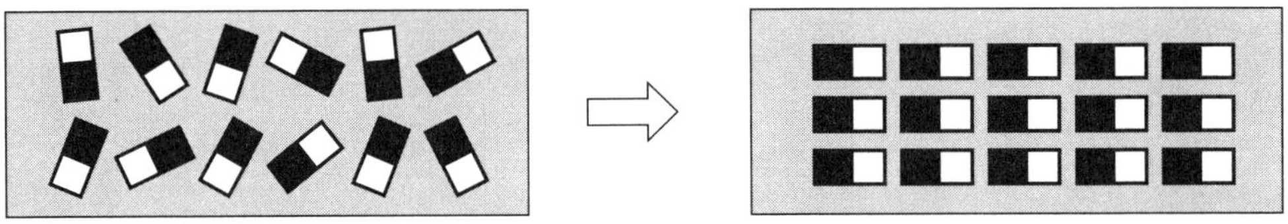

따라서 수식으로 정의한다면 크기가 같고 극성이 서로 반대인 $+m$ [Wb]과 $-m$ [Wb]의 두 개의 미소한 자극이 극히 미소거리 l [m] 만큼 떨어져 있을 때 한 쌍의 자극을 자기쌍극자(magnetic dipole)라 하며 $+m$ 로부터 r_1 거리와 $-m$로부터 r_2 거리에 있는 P점의 자위 U는

$$U = \frac{m}{4\pi\mu_0}\left(\frac{1}{r_1} - \frac{1}{r_2}\right) \text{[AT]} \qquad (6-10)$$

가 된다. 여기서 $l \ll r$ 이므로 근사법에 의하여

$$r_1 \fallingdotseq r - \frac{l}{2}\cos\theta$$

$$r_2 \fallingdotseq r - \frac{l}{2}\cos\theta \qquad (6\text{-}11)$$

가 되므로 자기쌍극자에 의한 자위 U는

$$U = \frac{1}{4\pi\mu_0}\left(\frac{1}{r - \frac{l}{2}\cos\theta} - \frac{1}{r - \frac{l}{2}\cos\theta}\right)$$

$$= \frac{ml\cos\theta}{4\pi\mu_0 r^2}\ [\mathrm{AT}] \qquad (6\text{-}12)$$

가 된다.

여기서 $M = ml$ [Wb · m] 이므로

$$U = \frac{M}{4\pi\mu_0 r^2}\cos\theta\ [\mathrm{AT}] \qquad (6\text{-}13)$$

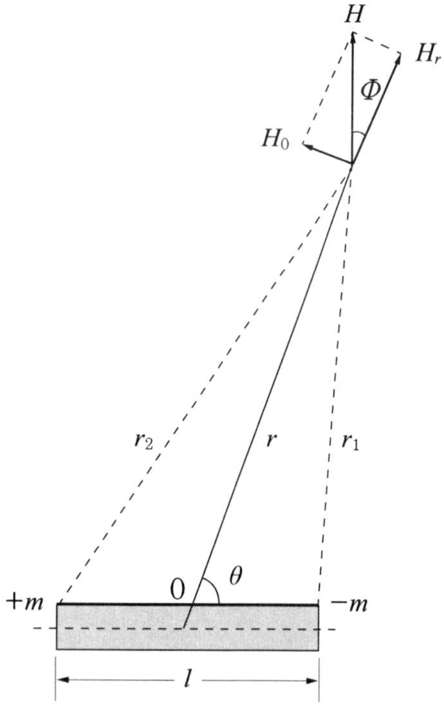

가 되는데 이때 M을 자기쌍극자 모멘트(moment of magnetic dipole)라고 한다.

그리고 점 P에서 자계의 세기 H_r은 식 (6-13)을 r에 대하여 미분하면

$$\mathrm{Hr} = -\frac{\delta U}{\delta r} = \frac{2M}{4\pi\mu_0 r^3}\cos\theta\ [\mathrm{A/m}] \qquad (6\text{-}14)$$

가 되고 직각방향의 자계의 세기 H_θ는

$$H_\theta = -\frac{1}{r}\cdot\frac{\delta U}{\delta\theta} = \frac{M}{4\pi\mu_0 r^3}\sin\theta\ [\mathrm{A/m}] \qquad (6\text{-}15)$$

가 되므로 P 점의 합성 자계의 세기 H는

$$H = \sqrt{H_r^2 + H_\theta^2} = \frac{M}{4\pi\mu_0 r^3}\sqrt{4\cos^2\theta + \sin^2\theta}$$

$$= \frac{M}{4\pi\mu_0 r^3}\sqrt{1 + 3\cos^2\theta} \qquad [\text{A/m}] \tag{6-16}$$

가 된다.

여기서 H의 방향과 r 방향의 각을 Φ라 하면

$$\tan\Phi = \frac{H_\theta}{H_r} = \frac{1}{2}\tan\theta \tag{6-17}$$

로 주어진다.

Example 6-3 자극량이 m = 3×10^4 [Wb]이고 길이가 10 [cm]인 소자석의 중심에 소자석의 축과 60°의 각으로 4 [cm] 떨어진 점 P의 자위 U를 구하라.

Solution 6-3

$$M = ml = 3\times10^{-4}\times10\times10^{-2}$$

$$= 3\times10^{-5}\ [\text{Wb}\cdot\text{m}]$$

$$U = \frac{M\cos\theta}{4\pi\mu_0 r^2} = 6.33\times10^4\,\frac{3\times10^{-5}\times\frac{1}{2}}{(4\times10^{-2})^2} = 593\ [\text{AT}]$$

Section 6. 자화 현상

물질을 구성하는 원자는 핵 주위에 전자가 회전하고 있는데 이 운동이 전류가 되어 자계를 만들므로 원자에 자기모멘트를 가지게 한다. 그런데 이 자계는 전자의 공전운동에 의한 것보다는 오히려 자전운동인 스핀(spin)에 의하는 것으로 보인다. 즉 공전운동은 각 전자의 회전방향이 일치하지 않아서 마치 실로 감은 구와 흡사하므로 그 평균이 자성을 나타내지 못하나 스핀의 축은 일정방향으로 향하여 원자는 미소한 자석(자기적 쌍극자)으로 되어 자기모멘트가 나타나게 된다.

이 자기모멘트의 방향에는 물질을 상자성으로 하는 것과 역자성으로 하는 두 가지가 있어, 그 어느 것이 더 강한가에 따라 상자성 또는 역자성이 결정된다. 그리고 이 궤도상의 전자스핀 외에 주위에 있는 자유전자도 자성의 원인이 된다.

철, 니켈, 코발트 등의 강자성체는 원자들의 결정을 이룰 때 자기모멘트가 같은 원자들이 일정한 영역에 뭉쳐 단체적 행동을 하기 때문에 자성이 강해진다고 보며, 이 영역을 자구(magnetic domain)이라 한다. 이 자구의 크기는 물질의 종류 및 상태에 따라 다르나 마이크론 단위의 크기에서부터 수(mm)에 이르며 금속현미경으로 그 모양을 관찰할 수 있다.

어떤 물체를 자계 속에 놓으면 그 물질의 양끝에는 자극이 형성되는데 이와 같은 물체를 자계 상태로 만드는 것을 자화(magnetization)라 하며 이러한 현상을 자기유도가 되었다고 한다. 따라서 물체가 자화되었다는 것은 자속(magnetic flux)이 생겨서 전류가 흐를 수 있다는 것을 의미한다.

또한 다른 물체가 자석으로 인하여 자계가 유도되었을 때 그 크기를 자화의 세기(intensity of magnetization)라 하고 그림에서와 같이 자석 내부에서 자력선이 이루어 질 때 S(남극)에서 N(북극)으로 자력선이 형성되는데 이 선을 자화선(line of magnetization)이라 한다.

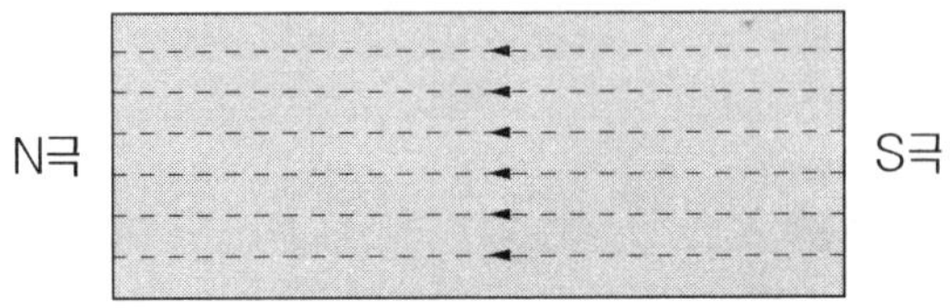

1. 자성체(magnetic substance)

자성체란 자계에 의하여 자화가 쉽게되는 물체를 말하며 비자성체는 자계가 자화되어도 자기의 성질을 느끼지 않는 물체를 말한다.

여기서 실제 전기기기 등에 자성재료로 사용되는 것은 강자성체와 중자성체이며 그리고 자계가 인가되면 자계의 방향과 일치하는 것을 **상자성체**라 하고 일치하지 않는 것을 **역자성체**라고 한다.

① 강자성체(ferromagnetic material) : 철, 코발트, 니켈 및 그 합금

② 중자성체(ferrimagnetic material) : 페라이트(ferrite), Ni-Zn 페라이트 등

③ 상자성체(paramagnetic material) : 백금, 알루미늄, 주석, 이리듐, 망간 등

④ 역자성체(diamagnetic material) : 구리, 은, 납, 비스무스, 금, 아연 등

2. 자화의 세기

자석을 절단하면 그 절단면에 새로운 자극이 나타나 여러 개의 자석이 된다. 따라서 자석을 세분하면 그 하나하나가 미소한 소자석이 되는데, 이것을 분자자석이라고 하며 자석은 이 분자자석의 규칙적 배열로 이루어졌다고 본다.

자기력이 미치는 공간에 물체를 놓으면 그 물체 양단에는 자극이 나타나는데 자성체 양단면의 단위 면적당 발생된 자기량의 자화 정도를 **자화의 세기**(intensity of magnetization)라

한다.

여기서 자성체의 미소체적을 Δv라 하고 미소 체적내의 자기쌍극자 모멘트를 ΔM이라 할 때 자화의 세기 J [Wb/㎡]는

$$J = \lim_{\Delta v \to 0} \frac{\Delta M}{\Delta V} = \frac{dM}{dv} = \frac{dml}{dSl} = \frac{dm}{dS} \text{ [Wb/㎡]} \qquad (6-18)$$

이며 dS [㎡]은 자성체의 단면적이고 dm [Wb]는 발생된 자극량이다.

따라서 자성체의 자화의 세기 J [Wb/㎡]는 일반적으로 자계의 세기 H [AT/m]에 비례하므로

$$J = \chi H \text{ [Wb/㎡]} \qquad (6-19)$$

가 되며 여기서 χ는 비례상수로서 자화율(magnetic subsceptibility)이라 하며 χ/μ_0를 비자화율(relative magnetic subsceptibility)이라 한다. 그러므로

$$x = \mu - \mu_0 = \mu_0 (\mu_r - 1) \qquad (6-20)$$

가 되는데 μ(투자율)에 대하여는 자속밀도에서 설명한다.

또한 자화율은 주위의 온도에 따라 반비례하게 되는데 T_0는 주위온도, T_C는 큐리점, C는 큐리 상수라 할 때

$$\chi = \frac{C}{T_0 - T_C} \qquad (6-21)$$

가 되며 이런 관계식을 큐리 바이스 법칙(curie weiss' law)이라 한다.

따라서 자기적인 임계온도를 큐리점(curie point)이라 하고 강자성체의 자기 모멘트는 열진동의 영향을 받으므로 온도가 상승하여 자화율이 서서히 감소해서 큐리점에 도달하면 자성체의 성질을 완전히 잃고 상자성체가 되는데 순철의 경우 큐리점은 약 800 [℃] 정도가 된다.

〈비자화율〉

물 질	비자화율	물 질	비자화율
파라듐	8.25×10^{-4}	황연	-18.71×10^{-5}
백금	2.93×10^{-4}	수은	-3.23×10^{-5}
알미늄	1.79×10^{-4}	은	-2.64×10^{-5}
산소	1.78×10^{-4}	주석	-1.68×10^{-5}
질소	2.67×10^{-5}	수정	-1.52×10^{-5}
공기	3.65×10^{-7}	구리	-0.95×10^{-5}
액체산소	3.46×10^{-8}	물	-0.88×10^{-5}
아르곤	-0.95×10^{-3}	수소	-0.21×10^{-8}

Example 6-4 자극량이 12.56 [Wb]이고 반지름이 2 [cm]인 원형 철심의 자화의 세기 J는 얼마인가?

Solution 6-4 $J = \dfrac{m}{S} = \dfrac{12.56}{2\times2\times3.14\times10^{-2}} = 100$ [Wb/m²]

3. 자속밀도

자기력선은 N극에서 나와서 S극으로 들어가는데 여기서 자기력선이 각각의 면적에서 계속하여 나오는 환상된 선을 자속(magnetic flux)이라 하며 1 [Wb] 의 자극에서 자속이 1개 나온다고 하였을 때 자속 Φ는

$$\Phi = m \text{ [Wb]} \tag{6-22}$$

가 되며 이때 단위 환산은 1 [Wb] = 1,000 [maxwell] 이다.

또한 단위 면적당의 자속을 자속밀도(magnetic flux density)라 하며 진공중에서 자속밀도 B와 자계의 세기 H 사이에 관계는

$$B = \mu_0 H \text{ [Wb/m}^2\text{]} \tag{6-23}$$

가 된다.

따라서 자성체의 내의 자속밀도 B는 자계의 세기 H와 자화의 세기 J의 합이라 할 수 있으므로

$$B = \mu_0 H + J = \mu_0 H + \chi H = (\mu_0 + \chi) H \text{ [Wb/m}^2\text{]} \quad (6-24)$$

가 되며 $\mu = \mu_0 + \chi$ 이므로

$$B = \mu H \text{ [Wb/m}^2\text{]} \quad (6-25)$$

가 된다.

여기서 μ를 투자율(magnetic permeability)이라 하며 물질에 따라서 자속이 잘 통하는 정도를 나타내는 상수이고 비투자율(relative permeability)을 μ_r, 진공의 투자율(permeability of vacuum)을 μ_0라 할 때

$$\mu = \mu_0 \cdot \mu_r \text{ [H/m]} \quad (6-26)$$

관계가 성립하는데 이때 진공의 투자율은 $\mu_0 = 4\pi \times 10^{-7} \fallingdotseq 1.256 \times 10^{-6}$ [H/m] 이다. 따라서

$$\mu = \mu_0 + \chi = \mu_0 \left(1 + \frac{\chi}{\mu_0}\right) \text{ [H/m]} \quad (6-27)$$

이므로 비투자율 μ_x는

$$\mu_x = 1 + \frac{\chi}{\mu_0} = \frac{\mu}{\mu_0} \text{ [H/m]} \quad (6-28)$$

가 성립되며 비자화율은 χ/μ_0 이다.

여기서 자속밀도 단위의 환산은 1 [Wb/m²] = 1 [tesla] = 10,000 [gauss] 이다.

〈비투자율〉

물 질	비자화율 (μ_r)
순 철	200,000
퍼 멀 로 이	100,000
규 소 강	7,000
철	120 ~ 5,000
니 켈	650
코 발 트	200
알 미 늄	1.00021
공 기	1.00000036
진 공	1
물	0.9999912
구 리	0.999991
주 석	0.999983
은	0.99997
창 연	0.99982

Example 6-5 무한직선 철심내의 작계의 세기가 400 [AT/m]이고 비투자율이 200일 때 자성체의 자속밀도와 자화율을 구하여라.

Solution 6-5 자속밀도는

$$B = \mu H = \mu_0 \mu_r H = 4\pi \times 10^{-7} \times 200 \times 400 = 0.1 \ [\mathrm{Wb/m^2}]$$

자화율은

$$\chi = \mu_0(\mu_r - 1) = 4\pi \times 10^{-7}(200-1) = 2.5 \times 10^{-4} \ [\mathrm{H/m}]$$

4. 감자력

그림과 같이 두 개의 서로 다른 자극을 접근시키면 이때 자계의 방향과 세기가 같아지는데 이런 자계를 평등자계라 한다.

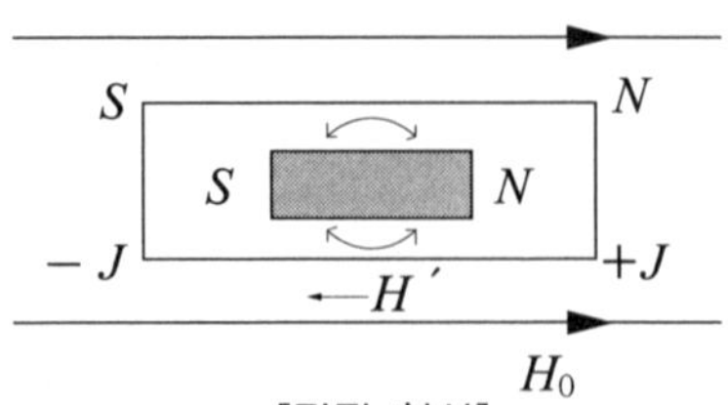

[감자 현상]

따라서 자성체를 평등자계 H_0 내에 놓으면 양단면에는 N(북)극과 S(남)극이 생기고 자성체 내부에는 자기쌍극자가 형성된다.

그러므로 자성체 양단에 발생하는 자극에 의해 생기는 자계 H'는 외부 자계의 세기 H_0와 역방향으로 작용하며 이로 인한 자성체내에 자계의 세기 H는

$$H = H_0 - H' \tag{6-29}$$

가 되며 또한

$$H' = H_0 - H \tag{6-30}$$

만큼 감소하는데 여기서 H'를 감자력(demagnetizing field)이라 한다.

그리고 감자력 H'는 자화의 세기 J에 비례하므로

$$H' = N\frac{J}{\mu_0} \tag{6-31}$$

가 되며 여기서 비례상수 N는 자성체의 형상에 의해서 정해지는데 이때 N를 감자율(demagnetizing factor)이라 한다.

따라서 환상 솔레로이드 철심의 감자율은 0이며 긴막대 자석이 자계와 평행 일 때는 감자율이 0에 가깝고 자계와 직각일 때에는 감자율이 1에 가까워진다.

이로 인하여 영구자석(permanent magnet)을 그냥 방치해서 놔두면 자계의 세기가 점점 약화되므로 쇠붙이와 같은 것으로 N극과 S극을 연결하여 붙여두면 자계의 세기가 누설되는 것을 방지할 수 있다.

5. 자계의 에너지

자계의 세기 H [AT/m]와 자속밀도 B [WB/m²]의 자성체 내에 투자율을 μ [H/m]라 하면

이때 자성체를 자속밀도 B까지 자화시켰을 때 자계의 에너지 밀도 W [J/㎥] 는

$$W = \int_0^B H \cdot dB = \frac{1}{2} H \cdot B \text{ [J/m}^3\text{]} \tag{6-32}$$

이다. 여기서 $B = \mu H$ [Wb/㎡] 이므로

$$W = \frac{1}{2} H \cdot B = \frac{1}{2} \mu H^2 = \frac{1}{2} \frac{B^2}{\mu} \text{ [J/km}^3\text{]} \tag{6-33}$$

가 된다.

6. 자기 흡인력

자석 주위에 자성체를 놓으면 끌어당기게 되는데 이때 자성체의 자속 면적을 S [㎡]라 하고 자속밀도를 B [Wb/㎡]라 하면 자기 흡인력 F [N]는

$$F = \frac{B^2}{2\mu_0} S \text{ [N]} \tag{6-34}$$

가 되며 여기서 단위면적 [㎡] 당 흡인력 F_0 [N/㎡]는

$$F_0 = \frac{B^2}{2\mu_0} \text{ [N/m}^2\text{]} \tag{6-35}$$

가 되고 μ_0는 진공의 투자율이다.

Example 6-6 다음 자계의 세기가 10 [AT/m] 인 자성체를 20 [Wb/㎡]인 자속밀도 까지 자화시켰다. 이때 자계의 에너지 밀도 W [J/㎥]는 얼마인가?

Solution 6-6 $W = 1/2\,HB = 1/2 \times 10 \times 20 = 100$ [J/㎥]

Section 7. 히스테리시스 손실

어떤 쇠붙이나 못을 영구자석에 붙여 두었다가 이 못으로 다른 못에 대면 조금 붙었다 떨어지는데 이것은 못이 자력을 띠었다가 곧 없어지지 않고 조금 남아있기 때문이다.

그림에서 쇠(Fe)가 처음 자화되면 0 점에서 곧 a점으로 향하는데 어느 일정치에 도달하면 포화 상태를 이루게 된다. 그리고 자석을 떼면 곧 0 점으로 돌아와야 되는데 그렇지 않고 b 점으로 와서 0과 b점 사이만큼 자기가 남게 된다.

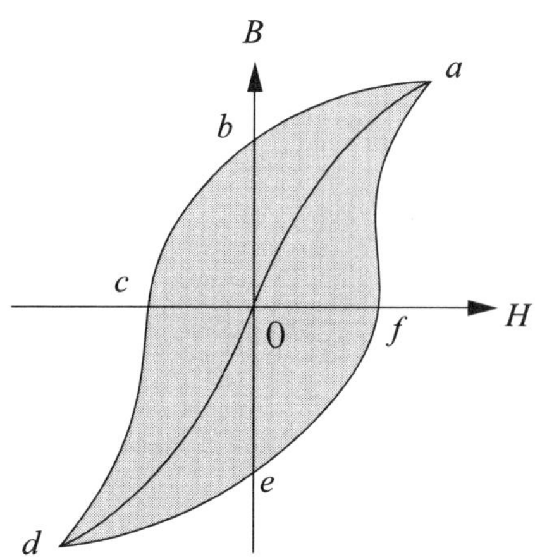

이때 0과 b점을 **잔류자기**(residual magnetism)라고 하며 영구자석은 이 잔류자기가 많을수록 좋은 자석이다.

여기서 다시 자화시키려면 b점에서 시작하게 되고 b점에서 c점으로 이동하게 되는데 이때

c점과 0점 사이를 **보자력**(coersive force)이라고 한다.

또 다시 자화시키면 d점으로 가고 e점과 f점으로 연결되는 곡선이 이루어지는데 이러한 $B-H$곡선의 환선을 **히스테리시스 곡선**(hysteresis loop) 또는 **자기이력곡선**이라고 한다. 따라서 히스테리시스 곡선에 해당되는 면적의 에너지는 열로 소비되는 에너지가 되므로 이것을 **히스테리시스 손실**(hysteresis loss)이라 한다.

Section 8. 자계의 경계 조건

투자율이 서로 다른 종류의 자성체가 접하고 있는 면을 경계면이라 하며 그림 (a)에서와 같이 투자율이 서로 다른 자성체로 되어있을 때 자속밀도의 경계면에 대한 수직 성분은 경계면을 기점으로 서로 같아 유입과 유출의 자속선의 수는 동일하여

$$B_{1n} = B_{2n}$$

$$B_1 \cos\theta_1 = B_2 \cos\theta_2 \qquad (6-36)$$

가 된다.

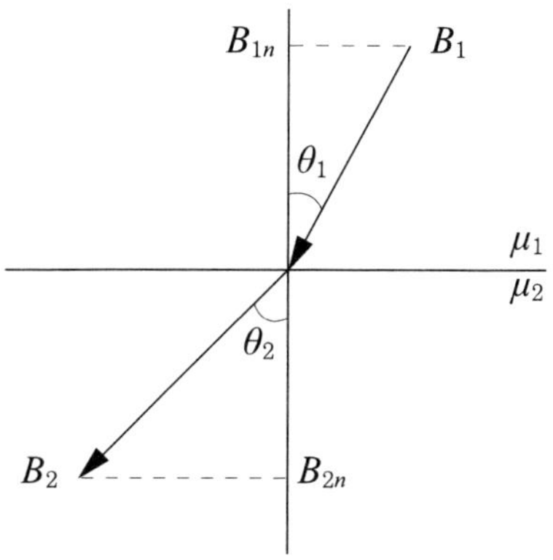

(a) 자속밀도의 경계면

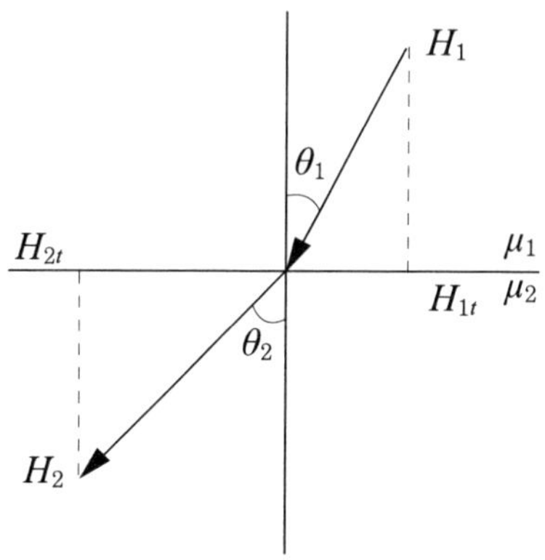

(b) 자계의 경계면

그리고 그림 (b)에서와 같이 자계 세기의 경계면에 대한 수평 성분은 경계면을 기점으로 서로 같으므로

$$H_{1t} = H_{2t}$$

$$H_1\sin\theta_1 = H_2\sin\theta_2 \tag{6-37}$$

가 된다.

따라서 식 (6-36)과 식 (6-37) 의 비를 구하면

$$\frac{\tan\theta_1}{\tan\theta_2} = \frac{\mu_1}{\mu_2} \tag{6-38}$$

가 되며 $\mu_1 > \mu_2$ 일 때 $\theta_1 > \theta_2$가 되고 $B_1 > B_2$ 가 되므로 자속은 투자율이 큰 자성체에 집중되어 투자율이 작은 자성체에서는 확산된다.

실제 변압기의 철심은 여러 개의 자성체가 포개진 상태로서 자로가 형성되므로 자기력선이나 자속이 철심(자성체)의 경계면을 관통하게 된다.

Section 9. 자속 밀도

전계의 지력선으로 전기력선을 고찰하고 또 그 속으로 전속을 살펴본 것과 같이 자계의 지력선으로 자력선을 그 속으로 자속을 고려할 수 있다. 즉, 자력선의 경우는 단위 전자하에서, 진공 중에서는 $1/\mu_0$ 줄의 자력선이 나와 그 접선방향이 자계의 방향을 표시하는데 그 밀도가 높은 장소의 자계는 강하고 밀도가 낮은 장소의 자계는 약하다.

또 정(N)극으로부터 나와 부(S)극에서 끝나든가, N(정)극에서 나와 무한원점에서 끝나든가 또는 무한원점에서 나와 부(S)극에서 끝나며, 교차하지 않는 것 등은 전기력선의 경우와 같다. 자속에 대해서도 이와 같이 1 [Wb]로 부터는 한 줄의 자속이 나오는데, 그 단위는 [Wb]이다. 즉, 자속 Φ는 m [Wb]인 자하로부터는

$$\Phi \text{ [Wb]} = m \text{ [Wb]}$$

로 된다.

자계 중의 어느 면 S [m²]를 통과하는 자속을 Φ [Wb]로 하면 자속밀도 B는

$$B = \Phi / S \text{ 또는 } \Phi = B \cdot S$$

로 된다. Φ의 단위로는 [Wb]를 사용하므로 B의 단위는 [Wb/m²]로 표시한다.

일반적으로 물질을 자계 속에 두면 그 속을 관통하는 자속밀도(B)는 자계의 세기(H)에 의

해 정해지기 때문에 그 비를 μ 로 표시하면

$$\mu = B/H \quad \text{또는} \quad B = \mu H$$

로 구할 수 있다. 이때 μ 를 투자율이라고 하며, 단위는 $[Wb/A \cdot m]$ 또는 $[H/m]$를 사용한다. 아울러, 그 수치는 대부분의 물질에서는 그 물질의 종류에 의해 결정되는 상수이지만 강자성체와 같은 물질에서는 H 와 함께 변화하기 때문에 상수로 되지는 않는다.

자계가 평등하지 않으면 자계가 일정한 것으로 간주되는 미소면적 ds를 취하고 그것을 관통하는 자속을 $d\Phi$ 라고하면

$$d\Phi = B \cdot ds \ [\text{Wb}] \tag{6-25}$$

그러므로 면적 S를 관통하는 자속 Φ 는

$$\Phi = \int_S B \cdot ds \ [\text{Wb}] \tag{6-26}$$

로 구할 수 있다.

가우스의 정리는 정전계에 있어서 $\int_S Dnds = \int_V \rho dv = \sum Q$ 였지만 자계에 있어서는 자석을 아무리 세분해도 N, S 두 극이 나타나기 때문에 단독으로는 존재하지 않아 $\sum_m$은 항상 0(zero)이다. 따라서

$$\int_S Bn \cdot ds = 0 \tag{6-27}$$

이다. 즉, 폐곡면에 들어가고 나가는 자속수는 항상 같게 된다. 이것은 전계에 있어서 진전하를 제외한 공간만을 생각하면 가령 그 속에 유전체가 있고 분극전하 등에 있어도 $\int_S Dnds = 0$이 되는 것이 대응하는 것이다. 자계에서는 자성체를 포함하는 전 공간에 대해서 위 식(6-27)이 성립한다. 즉, 자극을 굳이 대응시키려고 하면 분극전하에 대응시켜서 생각할 수 있다. 결국 B는 이와 같이 출발점도 종착점도 없는 선으로 그 자체가 폐곡선이다. 즉, B는 어떠한 점에서도 연속이라고 볼 수 있다.

Example 6-7 진공 중에서 W [Wb]로부터 나오는 전체 자속 수는 얼마일까?

Solution 6-7 자속이란 1 [Wb]에서 1개의 선이 나오는 것을 가정한 것이다.
m [Wb]의 N극에서 발산하는 총 자속 수는 m을 중심으로 하는 반지름 r [m] 구면상의 자속밀도 B에 대한 총합이다.

$$\Phi = \int_s B \cdot ds = B \cdot 4\pi r^2 = \mu_0 H 4\pi r^2$$

$$= \mu_0 \times \frac{1}{4\pi\mu_0} \times \frac{m}{r^2} \times 4\pi r^2 = m \text{ [개]}$$

Section 10. 자계의 에너지

정전계에서는 전계의 세기(E), 전속밀도(D)의 영역에는 단위체적당 1/2 $E \cdot D$인 정전 에너지가 축적되어 있다. 이와 마찬가지로 자계의 경우도 자계의 세기(H), 자속밀도(B)의 영역에서는 단위체적당 1/2 $B \cdot D$ 인 자계 에너지가 보유된다.

매질의 투자율을 μ로 하면 자계 에너지 밀도 W_m은

$$W_m = \frac{1}{2} BH = \frac{1}{2} \mu H^2 = \frac{1}{2\mu} B^2 \qquad (6-28)$$

로 된다. 여기서 B를 $B + dB$로 바꾸었을 때 W_m의 변화 $\varDelta W_m$은 위 식 (6-51)에 의해

$$\varDelta W_m = \frac{B}{\mu} dB = HdB \qquad (6-29)$$

로 된다. 식 (6-28) 및 식 (6-29)는 벡터를 사용하여

$$\varDelta W_m = \frac{1}{2} B \cdot H = \frac{1}{2} \mu H^2 = \frac{1}{2\mu} B^2 \text{ [J/m}^2\text{]} \qquad (6-30)$$

$$\varDelta W_m = H \cdot dB$$

로 해도 된다. 따라서 자계가 존재하는 영역 v전체에 축적되는 전체 자계 에너지 W_m은

$$W_m = \int_v \left[\int_0^B H \cdot dB \right] dv = \int_v \left[\int_0^B \frac{B}{\mu} dB \right] dv$$

$$= \frac{1}{2} \int_v H \cdot B dv$$

로 구할 수 있다.

Example 6-8 비투자율이 4,000인 철심을 자화하여 자속밀도가 0.1 [Wb/m²] 으로 되었을 때 철심의 단위 체적에 축적되는 에너지 [J/m³]는 얼마인가?

Solution 6-8 $W_m = \frac{B^2}{2\mu} = \frac{B^2}{2\mu_0\mu_r} = \frac{(0.1)^2}{2 \times 4\pi \times 10^{-7} \times 4,000} = 1$ [J/m³]

Part 7.
전류에 의한 자기현상

Section 1. 전류에 의한 자계

1. 암페어의 오른 나사 법칙

전류에 의한 자계의 방향을 결정하는 법칙이다.

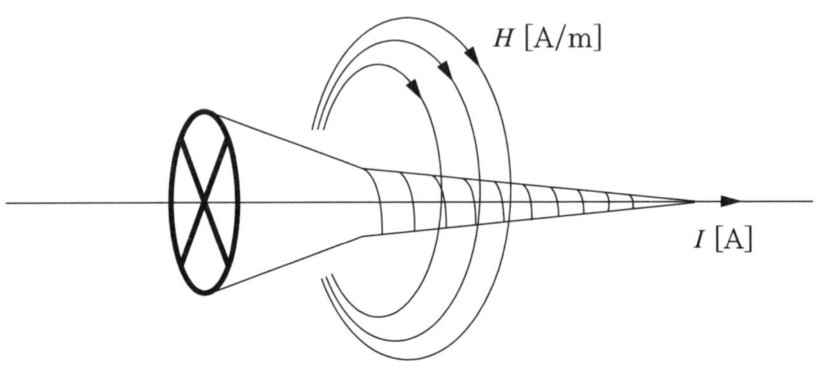

[그림 7-1] 전류와 자계의 방향

도체에 나사의 진행방향으로 전류가 흐르면 오른 나사의 회전 방향으로 자계가 형성된다. 또한 전류가 반대 방향으로 흐르면 자계의 회전 방향도 반대가 된다. 이와 같이 오른 나사의 진행 방향과 회전 방향에 따라 전류와 자계의 방향이 결정되는 관계를 **암페어**(Ampere)**의 오른나사의 법칙**이라고 한다.

2. 암페어의 주회적분 법칙

전류에 의한 자계의 산출 법칙이다.

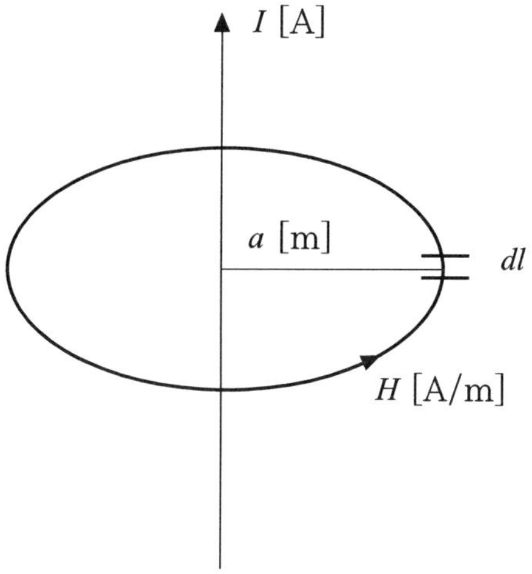

[그림 7-2] 주회적분 법칙

무한 직선 도체에 전류 I [A]가 흐르면 도체 주위에 자계 $\boldsymbol{H}$ [AT/m]가 회전하면서 형성된다.

이때 전류의 총합과 자계에 의해 형성된 자로의 총합은 같다.

이것을 수식으로 표현하면 $\oint_l \boldsymbol{H}dl = \sum I$ 한 코일의 권수가 N 회이면

$$\oint_l \boldsymbol{H}dl = \sum NI \qquad (7-1)$$

여기서, $\oint_l \boldsymbol{H}dl$은 자로의 총 길이를 의미한다.

이와 같이, 도선에 흐르는 총합과 이 전류에 의해 형성되는 자계의 총합이 같다는 것이 암페어의 주회적분 법칙이다.

3. 암페어 주회 적분법칙의 계산

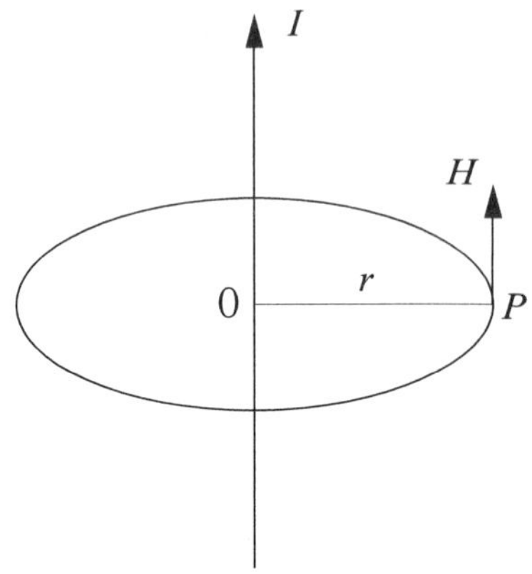

(1) 무한장 직선 전류에 의한 자계의 세기

$$\oint \boldsymbol{H} dl = I$$

$$\boldsymbol{H} \cdot 2\pi r = \mathrm{I} \qquad \therefore \boldsymbol{H} = \frac{I}{2\pi r} \text{ [A/m]} \qquad (7\text{-}2)$$

즉, 무한장 직선 전류에 의한 자계의 세기는 직선 전류에서의 거리에 반비례한다.

(2) 반무한장 직선 전류에 의한 자계의 세기

$$\boldsymbol{H} = \frac{I}{4\pi r} \text{ [A/m]} \qquad (7\text{-}3)$$

(3) 무한장 원통 전류에 의한 자계의 세기

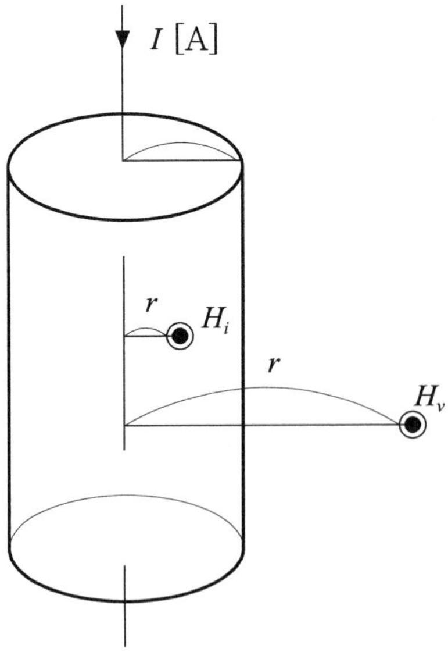

[그림 7-3] 원통 자계

① 외부 자계의 세기($r > a$ 인 경우)

반지름이 a [m]인 원통 도체에 전류 I 가 흐를 때, 이 원통으로부터 r [m] 떨어진 점의 자계의 세기

$$\boldsymbol{H}_0 = \frac{I}{2\pi r} \qquad (7-4)$$

즉, r 에 반비례 한다.

② 내부

원통 내부에 전류 I 가 균일하게 흐른다면 원통 내부의 자계의 세기

$$\boldsymbol{H}_i = \frac{I'}{2\pi r} \qquad (7-5)$$

이때, 내부전류 I' 는 원통의 체적에 비례하여 흐르므로

$$I : I' = \pi a^2 l : \pi r^2 l \rightarrow I' = \frac{r^2}{a^2} I \text{ [A]}$$

$$\boldsymbol{H}_i = \frac{\frac{r^2}{a^2} I}{2\pi r} = \frac{rI}{2\pi a^2} \text{ [AT/m]} \qquad (7-6)$$

③ 자계와 거리와의 관계

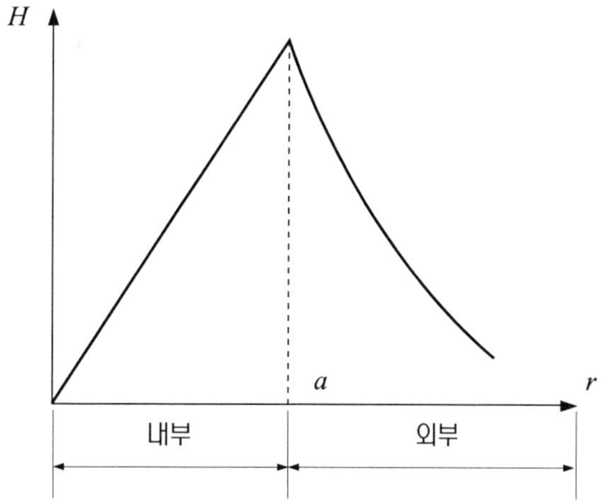

[그림 7-4] 자계와 거리

(4) 무한장 솔레노이드의 자계의 세기

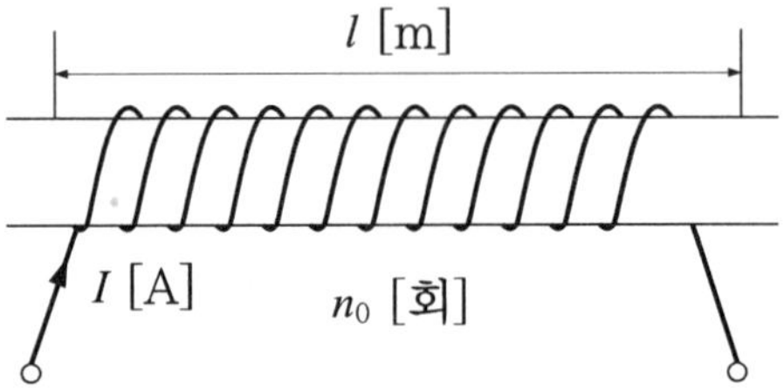

[그림 7-5] 무한장 솔레노이드의 자계

암페어의 주회 적분 법칙에 의해 $\int \boldsymbol{H}dl = n_0 I$

자로의 길이가 1 [m] 이므로 $\boldsymbol{H} = n_0 I$ [AT/m]

여기서, n_0 [T/m]는 단위 길이당 권수를 의미한다.

내부의 자계의 세기는 평등 자장이며, 균등 자장이다. 또한 외부의 자계의 세기는 0이다.

(5) 환상 솔레노이드의 자계의 세기

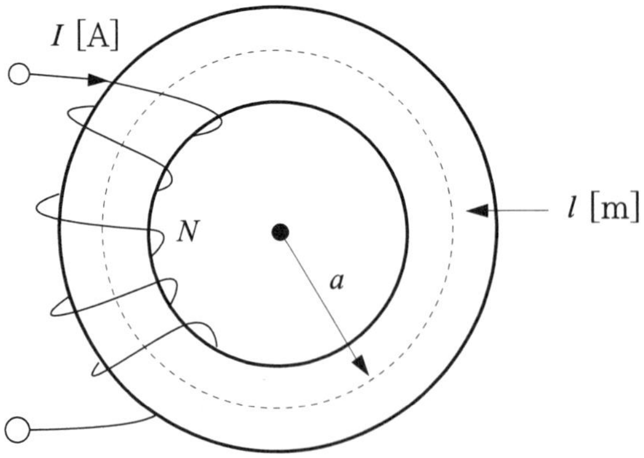

[그림 7-6] 환상솔레노이드의 자계

암페어의 주회 적분 법칙에 의해,

$$\int \boldsymbol{H}dl = NI,\ \boldsymbol{H}l = NI,\ \boldsymbol{H} = \frac{NI}{l} \qquad (7-7)$$

이때 자로의 길이는 $l = 2\pi a$ [m]이므로 환상 솔레노이드의 내부 자계의 세기는

$$\boldsymbol{H} = \frac{NI}{2\pi a}\ [\text{AT/m}] \qquad (7-8)$$

환상 솔레노이드 외부 자계의 세기는 철심의 외부에는 존재하지 않으므로 외부 자계의 세기는 0이다.

4. 비오-사바르 법칙

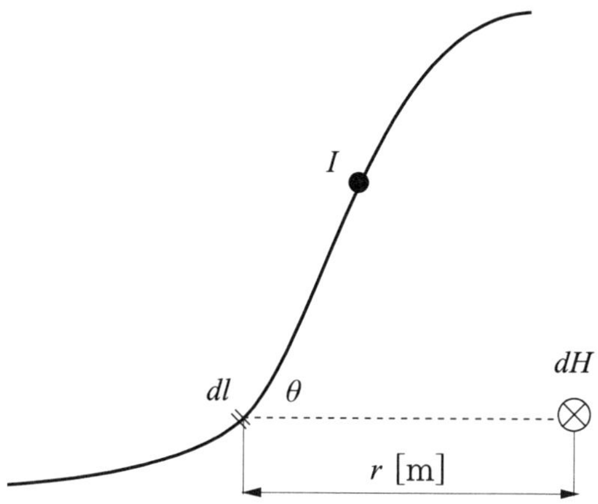

[그림 7-7] 비오-사바르의 법칙

전류 I가 흐르는 도선에 미소 길이 dl [m]와 접선 사이의 각도를 θ라고 할 때 이 점에서 거리 r [m]만큼 떨어진 점의 미소 자계의 세기 $d\boldsymbol{H}$는 비오-사바르 법칙에 의해 다음과 같다.

$$dH = \frac{Idl}{4\pi r^2}\sin\theta \text{ [AT/m]} \qquad (7\text{-}9)$$

5. 플레밍의 왼손 법칙

이 법칙은 자계 내에서 도체에 전류가 흐르면 힘이 작용하는 현상으로 전동기의 원리에 적용되는 법칙이다.

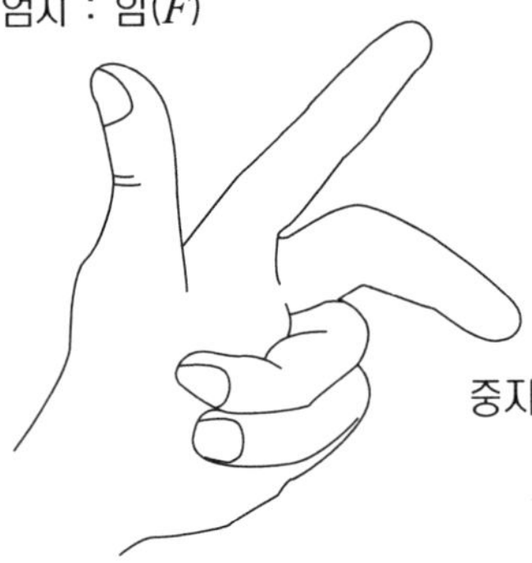

[그림 7-8] 플레밍 왼손법칙

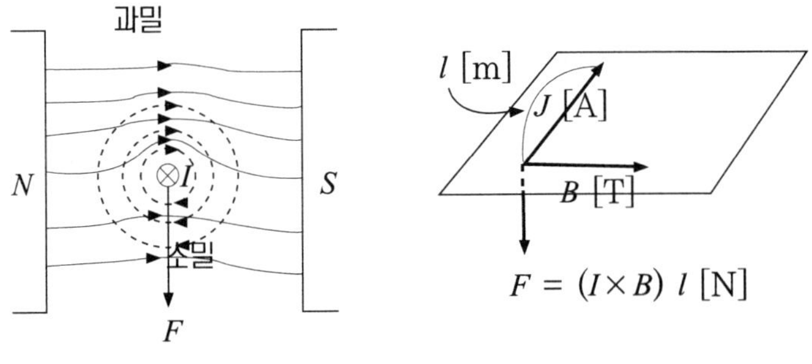

[그림 7-9] 자계속의 전류에 작용하는 힘

전류 I [A]가 흐르고 있는 길이가 l [m]인 도체가 자속밀도 $\boldsymbol{B}$의 자계속에 놓여 있을 때 이 도체에 작용하는 힘으로 $\boldsymbol{F} = I\boldsymbol{B}l\sin\theta = I\mu_0\boldsymbol{H}l\sin\theta$ [N]

Vector로 표시하면 $\boldsymbol{F} = (I\times\boldsymbol{B})l$ [N]

6. 로렌츠 힘

$$\text{전류 } I = \frac{dq}{dt} \text{ [A] , 속도 } v = \frac{dl}{dt} \text{ [m/sec]} \tag{7-10}$$

플레밍 왼손법칙에서

$$\boldsymbol{F} = I\boldsymbol{B}l\sin\theta = \frac{dq}{dt}\boldsymbol{B}l\sin\theta = q\frac{dl}{dt}\boldsymbol{B}\sin\theta = qv\,\boldsymbol{B}l\sin\theta \text{ [N]} \tag{7-11}$$

Vector로 표현하면 $\boldsymbol{F} = q(v\times\boldsymbol{B})$ [N]

전계와 자계가 동시에 존재할 때 입자에 작용하는 힘으로

전계에서의 힘은 $\boldsymbol{F} = q\boldsymbol{E}$ [N]

자계에서의 힘은 $\boldsymbol{F} = q(v\times\boldsymbol{B})$ [N]

$$\therefore\ \boldsymbol{F} = q\boldsymbol{E}+q(v\times\boldsymbol{B}) = q(\boldsymbol{E}+v\times\boldsymbol{B}) \text{ [N]} \tag{7-12}$$

7. 자계 내 전자의 원운동

그 자계 내에 전자가 입사할 경우에는 로렌츠의 힘에 의해 원운동을 한다.

전자 e가 자속밀도 B [Wb/㎡]인 자계 내에 v [m/s]의 속도로 수직으로 입사할 경우 전자는 로렌츠의 힘에 의해

$$\boldsymbol{F} = \boldsymbol{B}ev\sin\theta \text{ (수직 입사 시 } \sin 90^\circ = 1)$$

$$= ev\boldsymbol{B} \text{ [N], 원심력 } \boldsymbol{F}' = \frac{mv^2}{r} \tag{7-13}$$

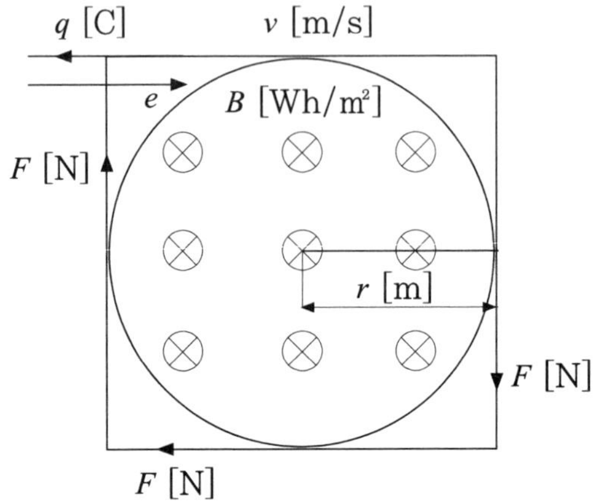

[그림 7-10] 전자의 원운동

전자가 로렌츠의 힘에 의해 원운동을 계속할 경우 조건은 $\boldsymbol{F} = \boldsymbol{F}'$이므로

$$ev\boldsymbol{B} = \frac{mv^2}{r} \text{ [N]} \tag{7-14}$$

이다. 따라서 전자의 회전 반경 r은

$$r = \frac{mv}{\boldsymbol{B}e} \text{ [m]} \tag{7-15}$$

각속도 $\omega = \dfrac{v}{r} = 2\pi f = \dfrac{2\pi}{T} = \dfrac{\boldsymbol{B}e}{m}$ [rad/sec]

주기 $T = 2\pi \dfrac{m}{\boldsymbol{B}e}$ [sec]

8. 평행 전류 도선 간에 작용하는 힘

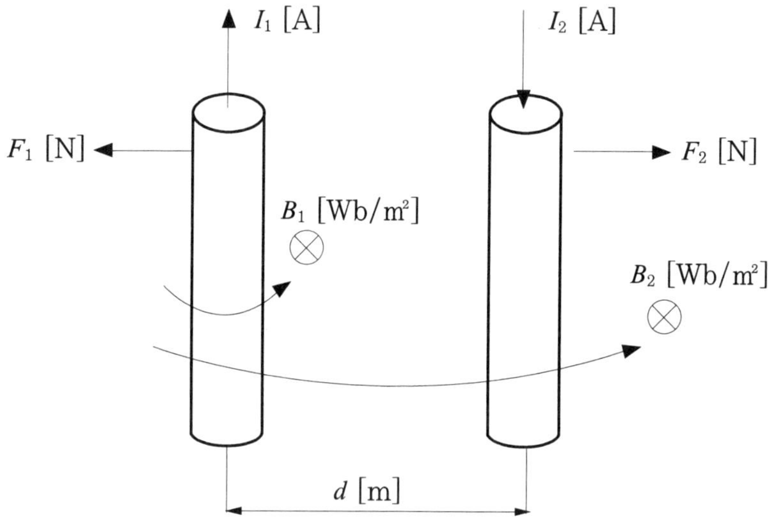

[그림 7-11] 평행 전류 도선 간에 작용하는 힘

플레밍의 왼손 법칙에 의해 전류 I_2가 흐르는 도체가 받는 힘 F_2는 Il에 의해 발생되는 자계에 의한 자속밀도 $\boldsymbol{B}_0$ [Wb/m²]가 영향을 미치므로

$$\boldsymbol{F}_2 = I_2\boldsymbol{B}_1 l \sin 90^\circ = \frac{\mu_0 I_1 I_2}{2\pi d} l \text{ [N]} \tag{7-16}$$

이때, 단위 길이 당 작용하는 힘은

$$\boldsymbol{F} = \frac{F_2}{l} = \frac{\mu_0 I_1 I_2}{2\pi d} \text{ [N/m]} \tag{7-17}$$

$\mu_0 = 4\pi \times 10^{-7}$ [H/m] 를 대입하면

$$\boldsymbol{F} = \frac{2 I_1 I_2}{d} \times 10^{-7} \text{ [N/m]} \tag{7-18}$$

9. 스토크스의 정리

자계의 진행 경로에 대한 주회적분은 법선 성분의 미소 면적에 대한 회전 자계의 합과 같다.

$$\oint_c \boldsymbol{H} dl = \int_s \text{rot}\ \boldsymbol{H}_n^{\rightarrow}\ ds$$

선적분 ⇔ 면적분

$$I = \int_s i_n^{\rightarrow}\ ds = \oint_c \boldsymbol{H} dl = \int_s \text{rot}\ \boldsymbol{H}_n^{\rightarrow}\ ds$$

$$\therefore\ i = \text{rot}\ \boldsymbol{H}\ [\text{A/m}^2]$$

Section 2. 주회적분 법칙

무한히 긴 직선 도선에 전류가 흐르면 자계는 그림에서와 같이 원주방향으로 형성되며 이때 자계의 세기 $\boldsymbol{H}$는

$$\boldsymbol{H} = \frac{I}{2\pi r} \tag{7-19}$$

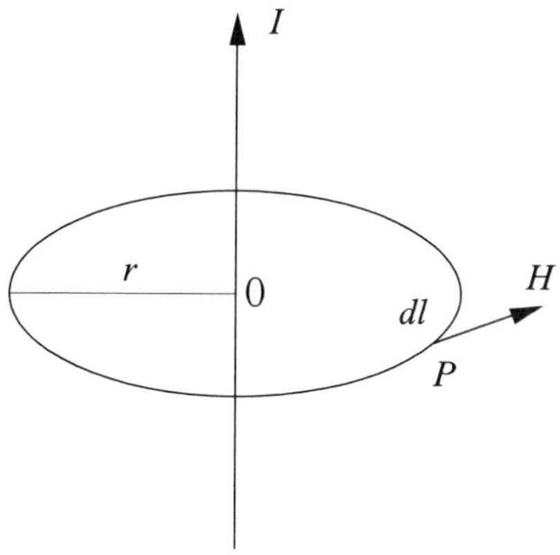

가 된다.

따라서 도선으로부터 r [m] 거리에 있는 P 점의 자계를 $\boldsymbol{H}$ [AT/m]라 하고 미소길이 dl [m] 을 자계에 따라 원주를 일주시켜 선적분하면

$$\oint \boldsymbol{H} \cdot dl = \boldsymbol{H} \cdot 2\pi r = \frac{I}{2\pi r} \cdot 2\pi r = I \tag{7-20}$$

가 되는데 이것을 **암페어의 주회적분 법칙**(ampere's circuital integrating law)이라 한다. 여기서 적분 경로가 N 회의 코일(coil)인 경우에 발생하는 자계는 N 배가 되므로

$$\oint \boldsymbol{H} \cdot dl = IN \text{ [AT]} \tag{7-21}$$

가 된다.

다음은 암페어의 주회적분 법칙의 계산 예를 나타내고 있다.

1. 무한장 직선 전류에 의한 자계

무한히 긴 직선 도선에 전류 I [A]가 흐르고 도선으로부터 r [m]의 거리 P 점에 자계의 세기 $\boldsymbol{H}$ [AT/m]는 암페어의 주회적분 법칙에 의하여

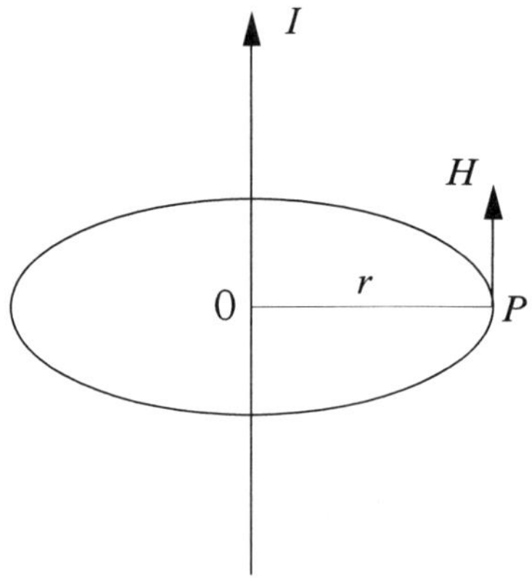

$$\oint \boldsymbol{H} \cdot dl = \boldsymbol{H} \cdot 2\pi r = I$$

$$\therefore \boldsymbol{H} = \frac{I}{2\pi r} \text{ rot } \boldsymbol{H} \quad [\text{AT/m}] \qquad (7-22)$$

가 된다.

Example 7-1 무한장 직선 도체에 39 [A]의 전류가 흐를 때 도체로부터 1 [m] 떨어진 점의 자계의 세기 H는 얼마인가?

Solution 7-1 $\boldsymbol{H} = \frac{I}{2\pi r} = \frac{39}{2 \times 3.14 \times 1} = 6.2$ [AT/m]

2. 무한장 원형주 전류에 의한 자계

전류가 원기둥 모양에 원형주를 흐르는 경우 원형주 밖에 있는 P 점에 대한 자계의 세기 $\boldsymbol{H}$는

$$\boldsymbol{H} = \frac{I}{2\pi r} \text{ [AT/m]} \qquad (7-23)$$

가 되어 무한장 직선 전류인 경우와 같다.

그러나 원형주 내부에 전류가 균등하게 분포되어 흐를 때 전류 분포 I'는

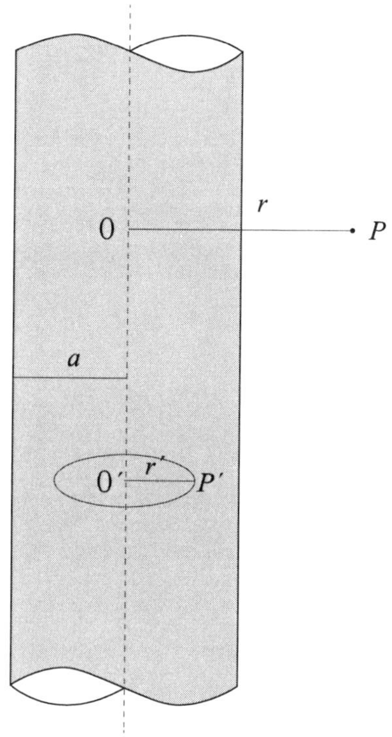

$$\oint \boldsymbol{H}' \cdot dl = I' = \frac{\pi(r')^2}{\pi a^2} \cdot I = \frac{(r')^2}{a^2} \cdot I \tag{7-24}$$

가 되며 원형주 내부의 P'점의 자계의 세기 $\boldsymbol{H}'$ [AT/m]는 암페어의 주회적분 법칙에 의하여

$$\boldsymbol{H}' \cdot 2\pi r' = \frac{(r')^2}{a^2} \cdot I$$

$$\therefore \boldsymbol{H}' = \frac{r' I}{2\pi a^2} \text{ [AT/m]} \tag{7-25}$$

가 된다. 그러나 만일 고주파수인 경우에는 표피 효과에 의하여 원형주 도체 표면에만 전류가 흘러서 내부에는 전류가 흐르지 않아 0이 되므로

$$H' \cdot 2\pi r' = 0 \tag{7-26}$$

가 되어 원형주 내부의 자계는 존재하지 않는다.

Example 7-2 원형주에 전류 24 [A]가 내부로 흐를 때 원형주의 반지름이 0.5 [m]이라면 원형주 내부로부터 0.2 [m] 떨어진 P 점의 자계의 세기 $\boldsymbol{H}'$ [AT/m]를 구하시오.

Solution 7-2

$$\boldsymbol{H}' = \frac{r' I}{2\pi a^2} = \frac{0.2 \times 24}{2 \times 3.14 \times 0.5} \fallingdotseq 3 \text{ [AT/m]}$$

3. 환상 솔레노이드에 의한 자계

그림에서와 같이 환상 솔레노이드(ring solenoid)에 일정하게 코일을 N회 감고 전류 I를 흘렸을 때 평균 반지름이 r가 되는 중심의 자계의 세기 H는 암페어의 주회적분 법칙에 의하여

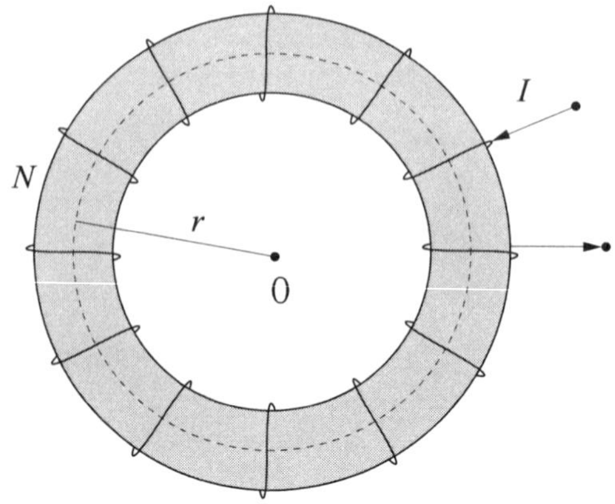

$$\oint \boldsymbol{H} \cdot dl = \boldsymbol{H} \cdot 2\pi r = IN$$

$$\therefore \boldsymbol{H} = \frac{IN}{2\pi r} \text{ [AT/m]} \qquad (7\text{-}27)$$

가 된다.

따라서 자속은 내부에만 존재하고 외부에는 자속이 미치지 않으며 솔레노이드 코일을 일부분만 감으면 누설자속(leakage magnetic flux)이 생기고 전체를 균일하게 감으면 누설자속은 거의 없어진다.

Example 7-2 환상 솔레노이드의 평균 반지름이 20 [㎝]이고 전류가 6 [A] 흐를 때 내부 자계의 세기 $\boldsymbol{H}$는 2,500 [AT/m] 이었다면 이때 권선회수는 약 얼마나 되는가?

Solution 7-2

$$\boldsymbol{H} = \frac{IN}{2\pi r} \text{ [AT/m]}$$

$$N = \frac{2\pi r\boldsymbol{H}}{I} = \frac{2\times 3.14\times 0.2\times 2{,}500}{6} \fallingdotseq 523 \text{ [AT/m]}$$

4. 무한장 솔레노이드에 의한 자계

그림에서와 같이 무한히 긴 솔레노이드의 내부 자계는 $\boldsymbol{H}_1$과 $\boldsymbol{H}_2$가 크기가 같고 방향이 반대이므로

$$\boldsymbol{H}_1 = \boldsymbol{H}_2 \qquad (7\text{-}28)$$

가 되어 솔레노이드 내부의 자계는 같게 되며 평등 자계가 된다.

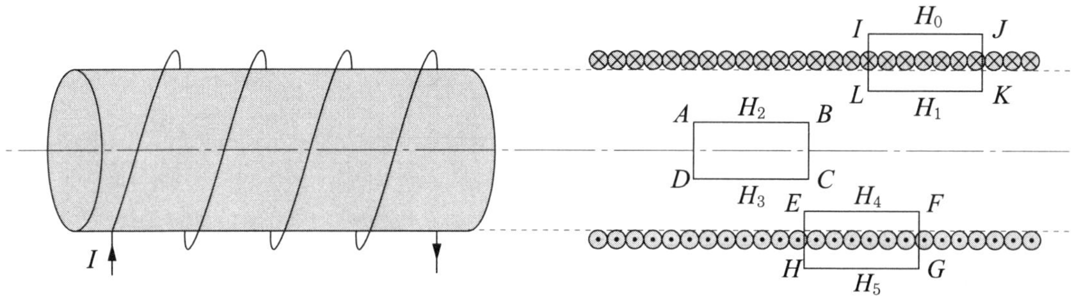

그리고 외부 자계의 $\boldsymbol{H}_3$ 와 $\boldsymbol{H}_4$ 는 솔레노이드에서 멀리 떨어져 있으므로 자계가 없다고 보아서

$$\boldsymbol{H}_3 = \boldsymbol{H}_4 = 0 \qquad (7\text{-}29)$$

가 되어 무한장 솔레노이드의 외부에는 자계가 존재하지 않게 된다.

그러나 무한장 솔레노이드의 경계에서 외부의 자계 $\boldsymbol{H}_0$ 는 0이므로 암페어의 주회적분 법칙에 의하여

$$\oint \boldsymbol{H} \cdot dl = \boldsymbol{H}_i \cdot l = nlI = NI \qquad (7\text{-}30)$$

가 되며 여기서 l [m]는 솔레노이드 길이이고 n [회]는 단위길이당 권선회수이다.

따라서 $\boldsymbol{H}_i \cdot l = nlI$ 이므로 내부에 자계의 세기 $\boldsymbol{H}_i$ [AT/m]는

$$H_i = \frac{nlI}{l} = \frac{NI}{l} = nI \text{ [AT/m]} \tag{7-31}$$

가 되며 N [회]는 전체 감긴 권선회수이다.

Example 7-3 길이가 20 [cm] 인 솔레노이드에 코일을 1,000 [회] 감고 전류 5 [A]를 흘리면 이때 자계의 세기 $\boldsymbol{H}$는 얼마인가?

Solution 7-3

$$n = \frac{N}{l} = \frac{1,000}{0.2} = 5,000$$

$$\boldsymbol{H} = nI = 5,000 \times 5 = 25,000 \text{ [AT/m]}$$

Section 3. 비오-사바르 법칙

1820년 프랑스의 비오(J. B. Biot)와 사바르(F. Savart)가 공동으로 연구하여 발견한 것으로 전류와 자계에 대한 이론을 확립하는 법칙이며 외르스테드의 전류 자기작용에 관한 발견으로부터 약 1개월 후 실증된 후 발표하였다.

그림에서와 같이 도선에 전류 I [A]가 흐를 때 전류 I의 미소부분 dl 에 의한 r [m] 떨어진 P점의 자계의 세기 $d\boldsymbol{H}$ 는

$$d\boldsymbol{H} = \frac{Idl\sin\theta}{4\pi r^2} \text{ [AT/m]} \tag{7-32}$$

가 되는데 이것을 비오-사바르의 법칙(biot-savart's law)이라 한다. 따라서 도선 전체에 의한 자계의 세기 $\boldsymbol{H}$는

$$\boldsymbol{H} = \int_A^B d\boldsymbol{H} = \frac{I}{4\pi}\int_A^B \frac{dl\sin\theta}{r^2} \text{ [AT/m]} \tag{7-33}$$

로 주어진다.

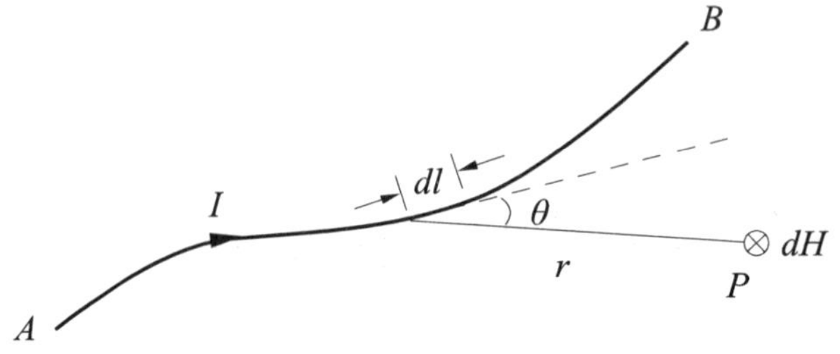

다음은 비오-사바르 법칙의 계산 예를 나타내고 있다.

1. 무한장 직선 전류에 의한 자계의 세기

무한이 긴 도선에 전류 I [A]를 흘렸을 때 미소부분 dl로부터 r [m] 떨어진 P점의 자계의 세기 dH [AT/m] 는

$$d\boldsymbol{H} = \frac{Idl\sin\theta}{4\pi r^2} \tag{7-35}$$

가 되며 여기서 $dl = a\sec^2\beta d\beta$, $r = a\sec\beta$, $l = a\tan\beta$, $\theta = \pi/2 + \beta$ 이므로

$$dH = \frac{Ia\sec^2\beta d\beta \sin(\pi/2+\beta)}{4\pi a^2\sec^2\beta} = \frac{I}{4\pi a}\cos\beta d\beta \tag{7-36}$$

가 된다.

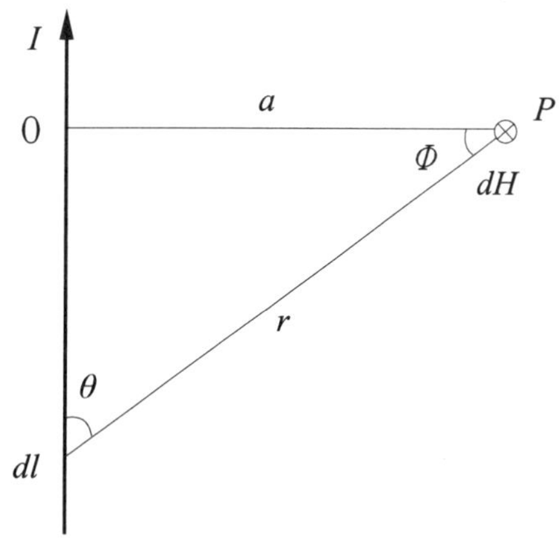

따라서 도선으로부터 a [㎝] 떨어진 P점의 자계의 세기를 비오-사바르의 법칙에 의하여 구하면

$$\boldsymbol{H} = \frac{I}{4\pi a}\int_{-\frac{\pi}{2}}^{\frac{\pi}{2}} \cos\beta d\beta = \frac{I}{4\pi a}\left[\sin\frac{\pi}{2} - \sin(-\frac{\pi}{2})\right] = \frac{I}{2\pi a}\ [\text{AT/m}] \tag{7-37}$$

가 되며 자계의 세기 $\boldsymbol{H}$는 거리 a [m]에 반비례한다.

Example 7-4 무한장의 직선도체에 52 [A]의 전류가 흐를 때 도체로부터 20 [cm] 되는 지점의 자계의 세기 $\boldsymbol{H}$를 구하여라.

Solution 7-4 $\boldsymbol{H} = \dfrac{I}{2\pi a} = \dfrac{52}{2\times3.14\times0.2} = 41.4$ [AT/m]

2. 유한장 직선 전류에 의한 전류

유한장 도체 A, B에 전류 I [A]가 흘렀을 때 미소부분 dl로부터 r [m] 떨어진 P점의 자계의 세기 dH [AT/m] 는

$$d\boldsymbol{H} = \frac{Idl\sin\theta}{4\pi r^2} = \frac{Idl\cos\beta}{4\pi r^2} \qquad (7-38)$$

가 되며 여기서 $dl = a\sec^2\beta d\beta$, $r = a\sec\beta$, $l = a\tan\beta$ 이므로

$$d\boldsymbol{H} = \frac{Ia\sec^2\beta\cos\beta}{4\pi a^2\sec^2\beta} = \frac{I}{4\pi a}\cos\beta d\beta \qquad (7-39)$$

가 된다.

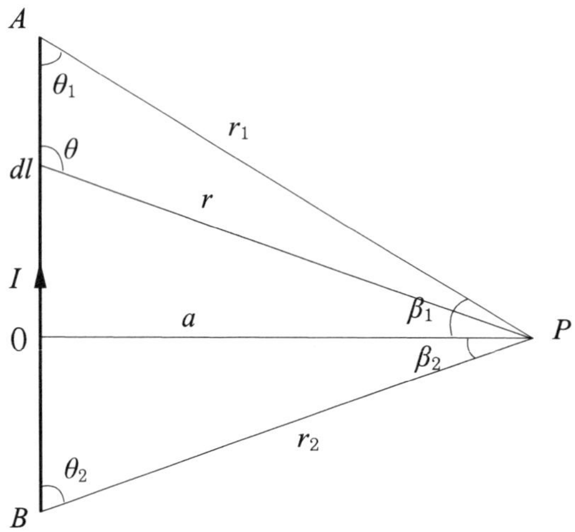

따라서 도선으로부터 a [m] 떨어진 P점의 자계의 세기를 비오-사바르의 법칙에 의하여 구하면

$$\boldsymbol{H} = \frac{I}{4\pi a}\int_{-\beta_1}^{\beta_1}\cos\beta d\beta = \frac{I}{4\pi a^2}(\sin\beta_1 + \sin\beta_2)$$

$$= \frac{I}{4\pi a}(\cos\theta_1 + \cos\theta_2) \text{ [AT/m]} \qquad (7-40)$$

가 된다.

Example 7-4 한 변의 길이가 20 [㎝]인 정사각형 회로에 5 [A]의 전류를 흘렸을 때 회로의 중심점의 자계의 세기 $\boldsymbol{H}$ [AT/m] 는 얼마인가?

Solution 7-4

$\boldsymbol{H} = \dfrac{I}{4\pi a}(\sin\beta_1+\sin\beta_2)$ 이고

$\sin\beta_1 = \sin\beta_2 = \sin45^\circ = \dfrac{\sqrt{1}}{2}$ 이며 $a = \dfrac{l}{2}$ 이므로

$$\boldsymbol{H} = \frac{I}{4\pi\left(\frac{l}{2}\right)}\left(\frac{\sqrt{1}}{2}+\frac{\sqrt{1}}{2}\right) = \frac{5}{4\pi\times0.1}\times\frac{\sqrt{2}}{2} = 5.63$$

$\boldsymbol{H}_0 = 4\boldsymbol{H} = 4\times5.63 = 22.52$ [AT/m]

3. 원형 코일 중심축 위의 자계

그림에서와 같이 원형 코일에 전류 I [A]가 흐를 때 원형 코일의 미소부분 dl로부터 r [m] 떨어진 P점의 자계의 세기 $d\boldsymbol{H}$ [AT/m]는

$$d\boldsymbol{H} = \frac{Idl\sin\theta}{4\pi r^2} = \frac{Idl}{4\pi r^2} = \frac{Idl}{4\pi(a^2+b^2)} \tag{7-41}$$

가 되며 여기서 $\theta = \pi/2 = 90^\circ$ 이므로 $\sin90^\circ = 1$ 이다.

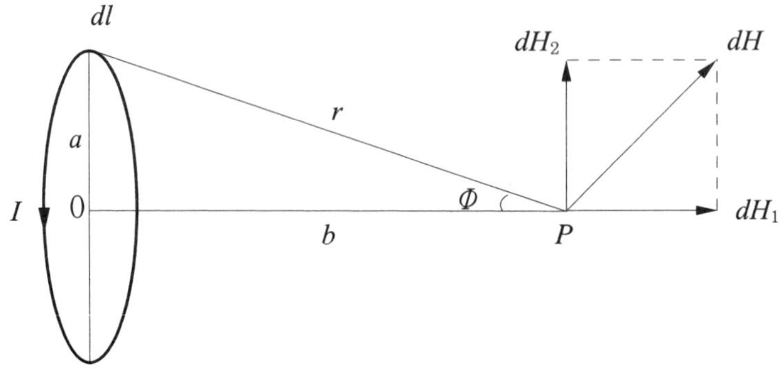

따라서 도선으로부터 b [m] 떨어진 P 점의 자계의 세기를 비오-사바르의 법칙에 의하여 구하면

$$\boldsymbol{H} = \int_0^{2\pi a} d\boldsymbol{H}_1 = \int_0^{2\pi a} \frac{Idl}{4\pi(a^2+b^2)} \cdot \frac{a}{\sqrt{a^2+b^2}}$$

$$= \frac{a^2 I}{2(a^2+b^2)^{\frac{3}{2}}} \text{ [AT/m]} \qquad (7-42)$$

가 된다.

여기서 원형코일 중심점 0의 자계는 $b = 0$ 이므로 식 (7-42)에 대입하면

$$\boldsymbol{H} = \frac{I}{2a} \text{ [AT/m]} \qquad (7-43)$$

가 되며 권선회수 N회를 감은 중심점의 자계의 세기 $\boldsymbol{H}$ [AT/m]는

$$\boldsymbol{H} = \frac{IN}{2a} \text{ [AT/m]} \qquad (7-44)$$

가 된다.

Example 7-5 원형코일에 5 [A]의 전류가 흐를 때 반지름이 10 [㎝]이고 중심점으로부터 수직으로 20 [㎝] 거리의 자계의 세기 $\boldsymbol{H}$ [AT/m] 는 얼마인가?

Solution 7-5

$$\boldsymbol{H} = \frac{a^2 I}{2(a^2+b^2)1.5} = \frac{0.1^2 \times 5}{2(0.1^2+0.2^2)} \fallingdotseq 2.24 \text{ [AT/m]}$$

Section 4. 직선전류에 작용하는 힘

그림에서와 같이 자속밀도가 B [Wb/m^2] 인 평등 자계내에 길이 l [m] 의 도선에 전류 I [A] 를 흘리고 자계의 방향과 θ의 각을 이룰 때 도선에 작용하는 힘 F [N]는

$$F = IBl\sin\theta \text{ [N]} \tag{7-45}$$

가 된다.

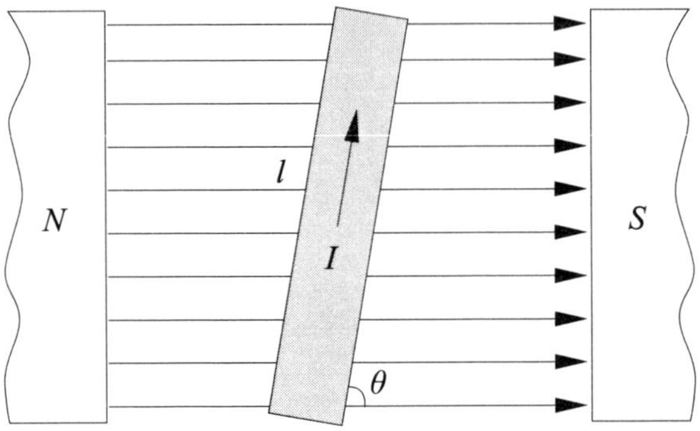

이때 전류와 자계의 방향이 평행이면 전자력은 작용하지 않고 전류와 자계의 방향이 수직인 경우에는

$$F = IBl \text{ [N]} \tag{7-46}$$

가 된다. 따라서 전계와 자계와의 상호작용에 의해서 작용하는 힘이 발생하므로 이것을 전자력(electromagnetic force)이라 하며 전동기나 계측기에 응용되고 있다.

여기서 도선이 움직이는 힘의 방향을 알려면 그림과 같이 왼손 세 손가락을 서로 90°가 되게 하고 엄지손가락은 힘의 방향, 검지손가락은 자계의 방향, 중지손가락은 전류의 방향이 된다. 이것을 **플레밍의 왼손 법칙**(fleming's left hand rule)이라 하며 직류전동기에 응용된다.

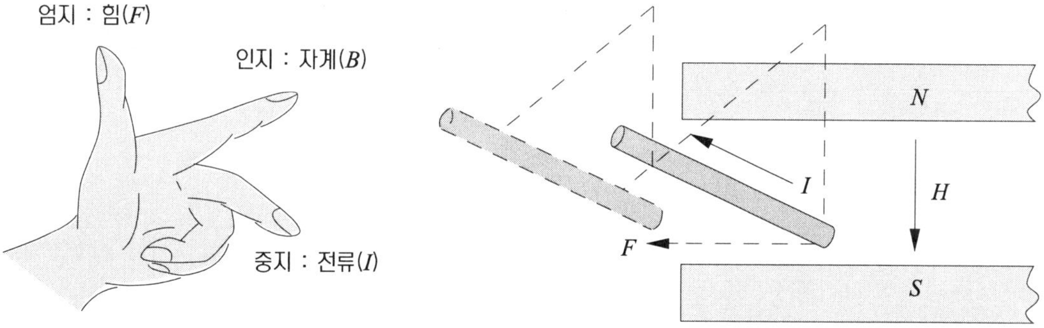

Example 7-6 자속밀도가 10 [Wb/㎡] 인 평등 자계 내에 길이 60 [㎝]의 도선을 자계의 방향과 30°의 방향으로 놓고 전류 1 [A]를 흘렸을 때 도선이 받는 힘 F [N]는 얼마인가?

Solution 7-6

$$F = IBl\sin\theta = 1\times 10\times 0.6\times\frac{1}{2} = 3 \text{ [N]}$$

Section 5. 평행 도체에 작용하는 힘

전류가 흐르는 두 도선 사이에는 힘이 작용하는 바 이와 같은 힘이 생기는 것은 한 도선에 전류가 흐르면 자계가 발생하여 다른 도선에 흐르는 전류에 전자력의 영향을 미치게 된다.

그림에서와 같이 도선 사이의 간격을 r [m]이라 하고 도선 A의 전류 I_1에 의한 도선 B의 전류 I_2에 미치는 자계의 세기 $\boldsymbol{H}_1$ [AT/m]은 암페어의 주회적분 법칙에 의하여

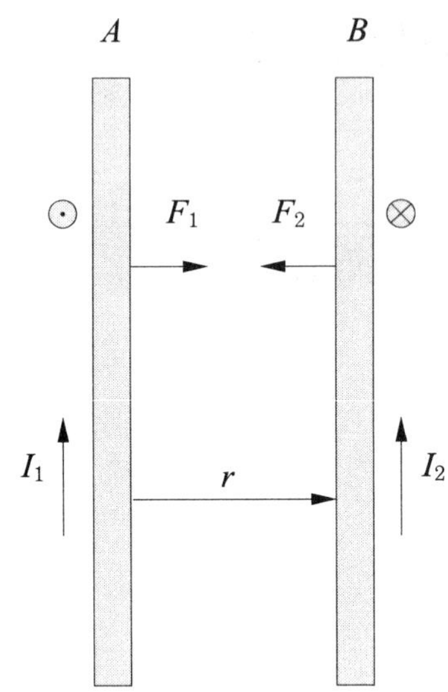

$$\boldsymbol{H}_1 = \frac{I_1}{2\pi r} \text{ [AT/m]} \qquad (7-47)$$

가 되며 이 때 자속밀도 B_1은

$$B_1 = \mu_0 \boldsymbol{H} = \frac{\mu_0 I_1}{2\pi r} \text{ [Wb/m}^2\text{]} \qquad (7-48)$$

가 된다.

따라서 도선 B의 전류 I_2가 도선 A의 I_1과 같은 방향으로 흐를 때 전류 I_2와 자속밀도 B사이의 각은 90° 이므로 $\sin 90° = 1$이 되어 도선 B의 단위길이당 작용하는 힘 F는

$$F = I_2 B_1 \sin\theta = I_2 B_1 \times 1 \times 1 = I_2 B_1 \text{ [N/m]} \qquad (7-49)$$

가 되므로 도선 A를 향하여 끌어당기는 힘이 작용하고 전류 I_2가 반대방향으로 흐르면 힘

의 방향이 반대가 되어 두 도선은 서로 반발하는 힘이 작용한다.

여기서 식 (7−49)을 식 (7−48)에 대입하면 단위길이당 작용하는 힘 는

$$F = \frac{\mu_0 I_1 I_2}{2\pi r} = \frac{2 I_1 I_2}{r} \times 10^{-7}\ [\mathrm{N/m}] \qquad (7-50)$$

가 되며 이때 진공투자율은 $\mu_0 = 4\pi \times 10^{-7}$ 이다.

따라서 두 도선이 1 [m]의 간격으로 $I_1 = I_2 = 1$ [A]일 때 단위길이 1 [m]당 작용하는 평행 도체의 힘 F_0는

$$F_0 = \frac{\mu_0 I_1 I_2}{2\pi r} = \frac{4\pi \times 10^{-7} \times 1 \times 1}{2\pi \times 1} = 2 \times 10^{-7}\ [\mathrm{N}] \qquad (7-51)$$

가 되므로 평행도체 단위길이에 작용하는 힘이 2×10^{-7} [N] 일 때의 전류를 1 [A]라고 한다.

Example 7-6 무한히 긴 도선이 1 [㎝]의 간격을 두고 한 도선에 250 [A]가 흐르고 다른 도선에 400 [A]의 전류가 흐른다면 이때 도선에 단위길이당 작용하는 힘 F [N/m]는 얼마인가?

Solution 7-6

$$F = \frac{\mu_0 I_1 I_2}{2\pi r} = \frac{4\times3.14\times10^{-7}\times250\times400}{2\times3.14\times1\times10^{-2}} = 2\ [\mathrm{N/m}]$$

Section 6. 직사각형에 작용하는 힘

그림에서와 같이 자속밀도가 B [Wb/m²]인 평등 자계내의 직사각형 코일 A, B, C, D 면이 θ 각을 가지고 $z \sim z'$의 축을 기준으로 회전하며 전류 I 가 흐를 때 길이가 a [m]인 AD와 BC에 작용하는 힘 F_1과 F_2는

$$F_1 = F_2 = alB\sin\theta \text{ [N]} \tag{7-52}$$

가 되며 아래위의 변에 작용하는 힘의 방향은 반대이므로 코일에 작용하는 합성의 힘은 0이 된다.

그리고 길이 b [m]인 AB와 CD는 자속밀도 B와 전류 I와 수직이므로 이것에 대하여 작용하는 힘 F_b는

$$F_b = F_3 = F_4 = blB\sin\theta \text{ [N]} \tag{7-53}$$

가 된다.

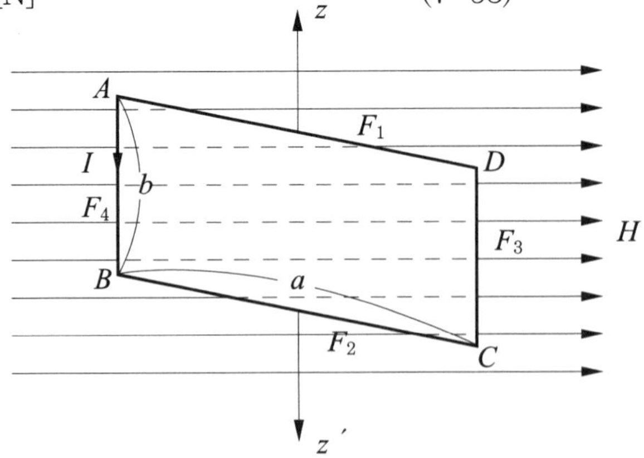

여기서 θ = 90°이면 방향이 서로 반대가 되어 크기가 같은 힘이 되어서 짝힘이 되므로 직사각형의 코일을 회전시키게 되는데 전동기(motor)를 작동시키는 원리가 되기도 한다.

따라서 회전력(torque) T는

$$T = Tba\cos\theta = abIB\cos\theta \ [\mathrm{N \cdot m}] \qquad (7-54)$$

가 된다.

Example 7-7 평등 자계내에 자속밀도가 10 [Wb/㎡]이며 폭이 100 [㎝]이고 길이가 1 [m]인 직사각형 코일을 놓았을 때 자계와 코일 사이에 각이 60°일 때 전류가 5 [A] 흐른다면 회전력은 얼마가 되는가?

Solution 7-7 $T = abIB\cos\theta = 1\times1\times5\times10\times0.5 = 25 \ [\mathrm{N \cdot m}]$

Section 7. 손실

1. 철손(iron loss)

1) 히스테리시스 손

강자성체를 자화시키는 에너지(energy)는 히스테리시스 곡선의 면적과 같아서 히스테리시스 곡선을 일주하여 처음의 상태로 되돌아오는 이 에너지는 열로 소비되는데 이것을 히스테리시스 손(hysteresis loss)이라 하다.

따라서 전기기기의 철심이 자화되면 분자의 이동으로 열의 발생이 생기는데 열을 줄이기 위해서 철에 규소를 2~4% 정도 혼합시켜 규소강으로 사용하여 손실을 줄일 수 있다.

여기서 스타인메츠(C. P. Steinmetz)는 히스테리시스 손을 다음과 같은 실험식으로 나타내고 있는데

$$P_h = \eta f v B_m^{1.6} \text{ [W]} \qquad (7-55)$$

가 되며 η는 재질에 따른 히스테리시스 계수, f [Hz]는 주파수, v [m³]는 강자성체의 체적, B_m [Wb/m²]은 최대자속밀도, 1.6승은 스타인메츠의 상수이다. 따라서 교류용 전기기기의 히스테리시스 손은 주파수 f에 비례하여 열이 발생되므로 절연 재료의 성능 열화로 기기의 수명을 단축시키는 원인이 되며 또한 히스테리시스 손실은 효율을 결정하는데 중요한 요소가 된다.

2) 와류손

도체를 지나는 자속이 시간적으로 변화하면 이때 도체 단면에는 이 변화를 막기 위한 맴돌이 형태의 유도 전류가 흐르는데 이 전류를 **와전류**(eddy current)라 한다.

여기서 와전류가 흐르면 자속이 변하여 철심은 변화를 막기 위한 교번 단락 전류가 유기되며 I^2Rt 라는 줄열의 손실이 발생되어 철심의 온도가 상승하는 요인이 되며 이러한 손실을 **와류손**(eddy current loss)이라 한다.

따라서 교번 전류에 의하여 도체내에 발생하는 와류손 P_e는

$$P_e = kf^2Bm^2t \text{ [W]} \tag{7-56}$$

가 되며 k는 비례상수, f [Hz]는 주파수, B_m [Wb/m²]은 최대자속밀도, t [m]는 철심의 두께이다.

이와 같은 와류손을 적게 하기 위하여 변압기나 발전기 등에서는 그림에서와 같이 철심의 두께를 0.35~0.5 [㎜] 정도의 두께로 서로 절연한 얇은 철판을 겹쳐서 성층 철심(laminated core)으로 사용한다.

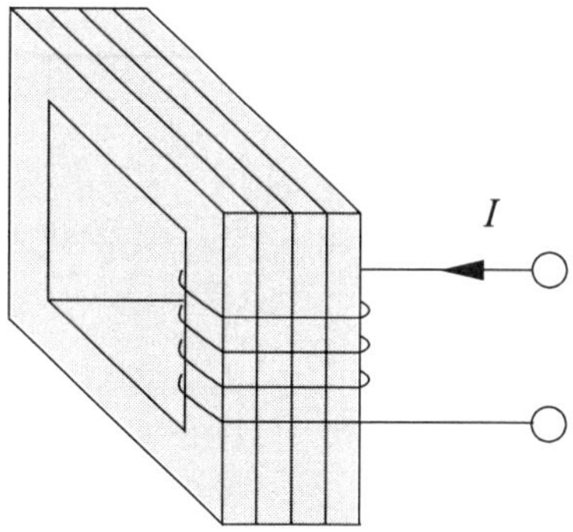

그러나 와전류 현상을 응용하는 것도 있으며 대표적인 것으로 유도로가 있고 맴돌이(소용돌이) 전류를 제동하는 방법으로 이용한 전력량계 등이 있다.

2. 표피 효과

어떤 도선에 전류 I가 흐르면 내부에는 인덕턴스로 인하여 밀도가 높아서 잘 흐르지 않고 외부(표면)로만 흐르려고 하는데 이런 현상을 **표피 효과**(skin effect)라고 한다.

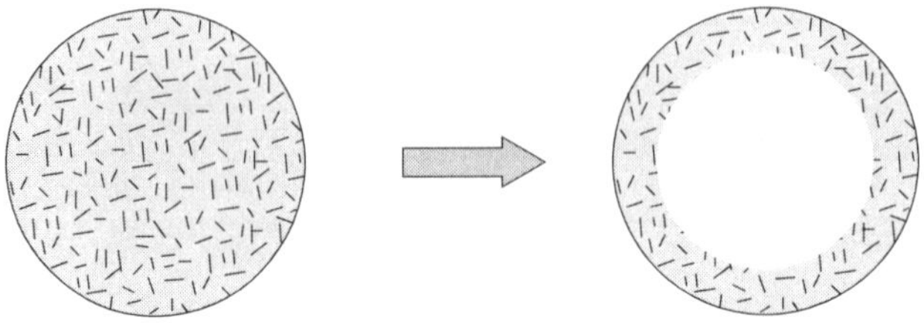

(전류가 흐르지 않을 때 전선 단면)　　　　(전류가 흐를 때 전선 단면)

따라서 표피 효과는 전선의 면적이 굵거나 또는 주파수가 높아지면 더욱 심하여 지는데 표피효과로 인한 저항 성분 R_0는

$$R_0 \fallingdotseq \frac{R_S}{5} d \sqrt{\frac{\mu f}{\rho}} \ [\Omega] \tag{7-57}$$

가 되며 d [m]는 도선의 직경이고 R_S [Ω]는 직류 저항이다.

이와 같이 교류에 대하여 주파수 평방근에 비례하므로 표피 효과의 현상을 줄이기 위하여 고주파 자기회로에서는 철분을 압축 성형한 압분철심(ferrite)을 사용하며 또한 전선 내부는 필요 없으므로 파이프와 같은 동축 케이블에 응용되고 강한 철선을 꼬은 강연선에 구리를 도포하여 만든 송전선의 동복강선 등이 있다.

그리고 우리 가정에서 흔히 사용하는 흰색의 비닐 전선은 여러 개의 가는 심선을 꼬은 연선으로 만들었는데 이것은 가요성을 좋게도 하지만 특히 표피 효과를 줄이기 위한 것이다.

여기서 표피 효과에 의한 전류의 표면 깊이는 표면 전류 밀도의 e^{-1}(0.3678)배가 되는 표면으로부터 깊이를 δ [m]라 할 때

$$\delta = \frac{1}{\sqrt{\pi f \mu \lambda}} \ [\text{m}] \tag{7-58}$$

가 되며 이것을 표피 깊이(skin depth)라 하고 f [Hz]는 주파수, μ [H/m]는 투자율,

λ [℧/m] 는 도전율이다.

Example 7-8 구리 전선의 비투자율이 1이고 도전도가 5×10^{7} [℧/m]이며 주파수가 100 [MHz] 일 때 표피의 깊이는 얼마인가?

Solution 7-8

$$\delta = \sqrt{\frac{1}{\pi f \mu \lambda}} = \sqrt{\frac{1}{3.14\times100\times10^{6}\times4\pi\times10^{-7}}} \fallingdotseq 7.14\times10^{-4}\ [\text{mm}]$$

Section 8. 전자유도

1. 전자유도 현상

1820년 에스테드가 발견한 전류의 자기작용과 그에 이어 암페어가 발견한 전류의 상호 작용에 의해, 영구자석 주위에 놓여진 코일에 전류가 흐르면 코일과 영구자석 사이에는 자기력이 작용하게 되는데, 이로부터 전자력이 작용한다는 것을 알 수 있게 되었다. 또한 1830년 미국의 헨리에 의해 전자유도 사고방식의 발견, 1831년 파라데이에 의해 전자유도 현상 발견하였다.

전류가 흐르면 주위에 자계가 형성되는 반면에 자계가 변동하면 기전력이 생겨서 전류가 발생한다.

그림에서와 같이 막대자석이 코일 속을 지나가면 기전력이 유기되어 전류계가 움직이는 것을 알 수 있는데 이때 막대자석을 빠른 속도로 움직이면 전류 I는 많이 흐르게 된다.

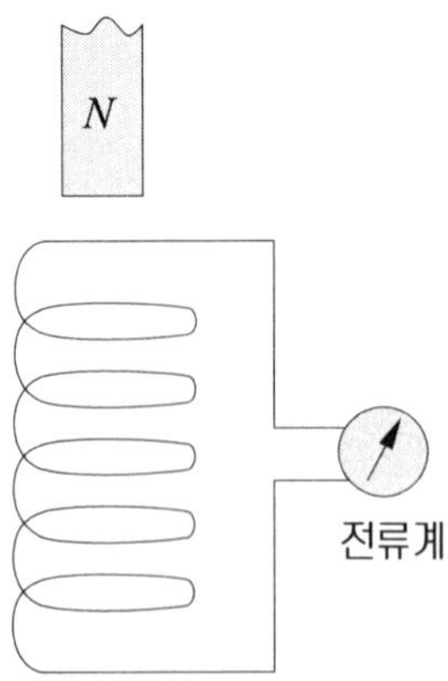

이렇게 자석으로 인한 자계가 코일에 영향을 주어 전류가 유도되는 현상을 전자유도 현상(electromagnetic induction effect)이라 하며 이때 발생한 전압은 유도 기전력(induced electromotive force) 이라 한다.

2. 페러데이 유도법칙

자계가 시간적으로 변화하면 기전력을 유발한다는 사실을 실험을 통하여 1831년 페러데이(M. Faraday)가 발견하였다.

여기서 코일을 통과하는 자속 Φ [Wb]가 $+d\Phi$만큼 증가하였다면 현재의 자속 Φ [Wb]를 유지하기 위해서 $-d\Phi$ [Wb]를 생성하여 자속의 평형을 유지하려고 한다.

이때 코일에서는 $-d\Phi$ [Wb]의 자속을 만들기 위하여 기전력이 발생하지만 반대로 자속 Φ가 감소하게 되면 자속 Φ를 증가시키는 방향으로 역기전력이 발생하게 된다.

즉, '코일회로의 전자유도에 의하여 발생되는 기전력의 크기는 이 회로에 쇄교하는 자속 Φ의 증감에 비례한다'는 것으로 이것을 페러데이 유도법칙(faraday's law of induction)이라 한다.

이 실험에서 dt [sec] 동안에 $+d\Phi$ [Wb]의 자속이 변화할 때 발생하는 유도 기전력 는

$$e = -\frac{d\Phi}{dt}\ [\mathrm{V}] \qquad (7-59)$$

가된다.

따라서 페러데이 유도법칙은 발전기 동작원리를 확립하였으며 그 후 독일의 물리학자인 노이만(F. E. Neumann)이 페러데이 유도법칙을 명확히 해석하여

$$e = -N\frac{d\Phi}{dt}\ [\mathrm{V}] \qquad (7-60)$$

와 같이 정립하였고 이때 N [회]는 코일의 권수로서 이 식을 노이만의 법칙(faraday-neumann's law)이라고 한다.

Example 7-9 코일의 권선회수가 400회 감겨져 있고 쇄교하는 자석이 0.4 [sec] 동안에 0.8 [Wb]가 감소하였다면 이때 유기되는 유도 기전력 e [V]의 크기는?

Solution 7-9 solution $e = -N\dfrac{d\Phi}{dt} = -400 \times \dfrac{-0.8}{0.4} = 800$ [V]

3. 렌츠의 법칙

이 법칙은 1834년 렌츠(Lenz)가 발견한 전자유도에 관한 것으로 전자유도에 의해 회로에 유기되는 기전력은 자속의 변화를 방해하는 반대방향으로 전류가 발생하는 일종의 관성 작용으로서 이런 현상을 렌츠의 법칙(lenz's law)이라고 한다.

4. 플레밍의 오른손 법칙

그림에서와 같이 자속밀도 B [Wb/m²]가 평등 자계내에 도선 길이 l [m]가 자계 방향으로 v [m/s] 속도로 이동하였을 때 유기되는 기전력 는

$$e = \frac{d\Phi}{dt} = vBl \text{ [V]} \qquad (7-61)$$

가 된다.

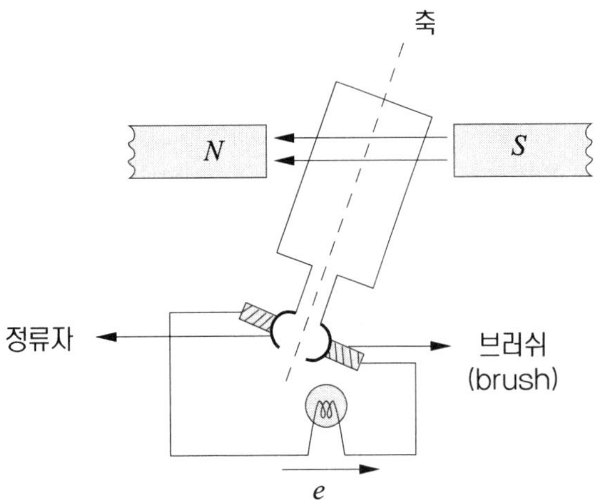

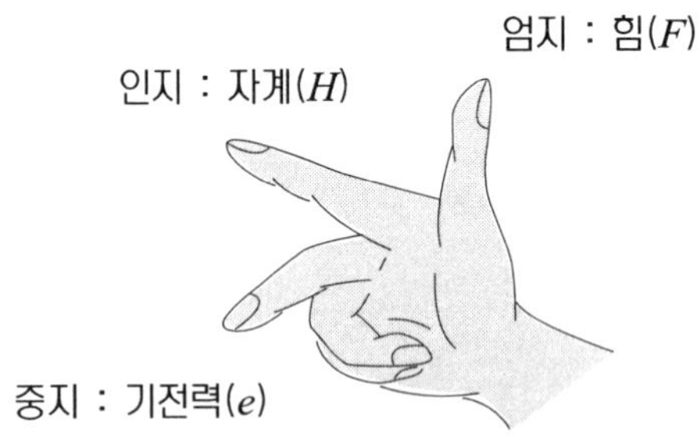

따라서 자속밀도 B와 각 θ 방향으로 v의 속도로 도체가 운동한다면

$$e = vBl\sin\theta \text{ [V]} \qquad (7-62)$$

의 유도 기전력이 발생한다.

이 법칙은 자계 중에 있는 코일이 회전하면 기전력은 어떤 방향으로 발생되는 가를 알려고 할 때 응용되는 것으로 오른손을 왼손 법칙과 같이 하고 이때 중지 손가락을 기전력의 방향으로 하면 기전력이 어느 방향으로 흐르는가를 알 수 있다.

이것을 플레밍의 오른손 법칙(fleming's right hand rule)이라 하며 발전기에 응용된다.

Example 7-10 발전기의 회전자 길이가 50 [㎝]이고 자속밀도가 30 [Wb/㎡] 일 때 5 [m/sec]의 속도로 이동하였다면 유기 기전력 e는 얼마인가?

Solution 7-10 $e = vBl = 5 \times 30 \times 0.5 = 75$ [V]

5. 교류의 발생

우리의 일상생활에 사용되는 전기는 교류(alternating current)로서 교류(AC) 가 어떻게 발생되는가를 알아보면 플레밍의 오른손 법칙에서 배운 바와 같이 정류자 대신에 슬립 링(slip ring)을 사용하면 다음 그림과 같이 된다.

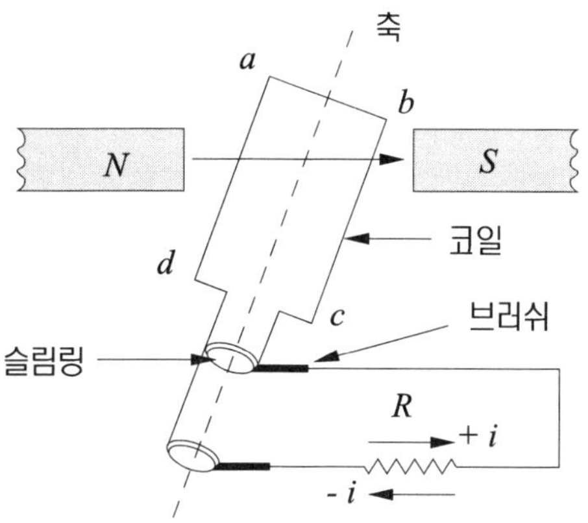

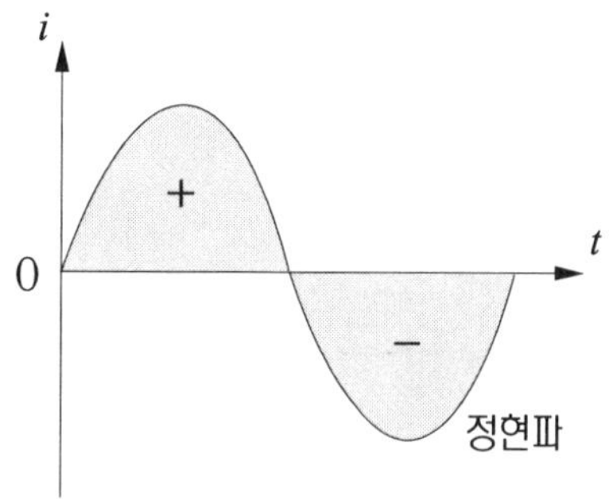

자기력선이 N에서 S로 흐르고 코일을 좌측으로 회전시키면 이때 플레밍의 오른손 법칙에 의하여 기전력은 a 에서 b 로 흐르게 된다. 그리고 코일이 180° 회전하면 기전력은 b 에서 c 로 흘러서 부하 저항 R 에서는 그림과 같은 교번 전류가 흐르게 된다.

이렇게 기전력 방향이 수시로 바뀌는 전기를 교류 전기(AC electricity)라고 하며 교류 전기를 만드는 장치를 교류 발전기(AC generator)라 하고 발전소에서 사용한다.

Section 9. 전자력

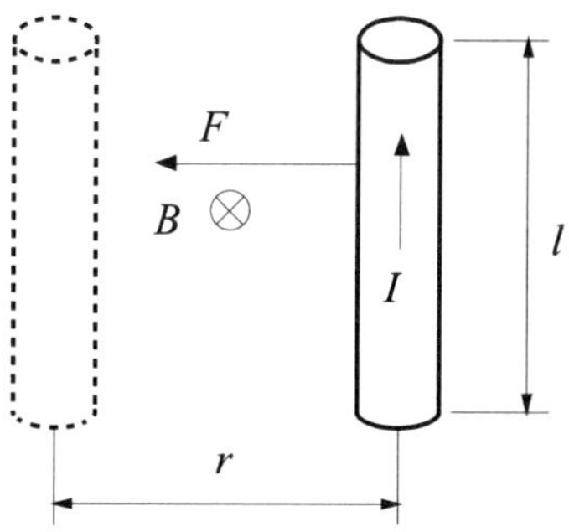

그림에서와 같이 평등 자계 내에 도체 길이 l [m] 를 자계의 방향과 직각으로 놓고 전류 I [A] 를 흘리면 이 때 도체의 힘 F 의 방향으로 플레밍의 왼손 법칙에 의하여 이동하게 된다.

따라서 거리 r [m] 만큼 움직였다면 이때 전자력으로 인하여 도체에 준 일 W [J]는

$$W = IBlr \text{ [J]} \tag{7-63}$$

가 된다.

여기서 자속 Φ [Wb]는 도체가 r [m]까지 이동하는 동안에 끊은 자속수이므로

$$W = I\Phi \text{ [J]} \tag{7-64}$$

가 된다.

그리고 도체가 r [m] 만큼 움직이는데 소요되는 시간을 t [sce]라 할 때 전자력이 단위 시간에 한 일 즉, 기계적 동력(mechanical power) P_0 는

$$P_0 = \frac{W}{t} = \frac{I\Phi}{t} = IBlv \text{ [W]} \tag{7-65}$$

가 되며 Φ [Wb]는 자속이고 전동기의 기본 원리가 된다.

따라서 도체의 운동 속도를 v [m/sec]라 하면

$$v = \frac{r}{t} \text{ [m/sec]} \tag{7-66}$$

가 된다.

1. 홀 효과

전류 I가 흐르는 도체에 수직으로 자속밀도 B 를 인가하면 두 방향과 직각으로 정, 부의 기전력이 발생하는데 이런 현상을 홀 효과(hall effect)라 하며 이것은 1879년 미국의 홀(E. H. Hall)이 실험에 의하여 발견한 효과이다.

이때 발생하는 기전력 E [V]는

$$E = R\frac{IB}{T} \text{ [V]} \tag{7-67}$$

가 되며 여기서 T는 도체의 두께이고 R은 물질에 따라 정해지는 홀상수이다.

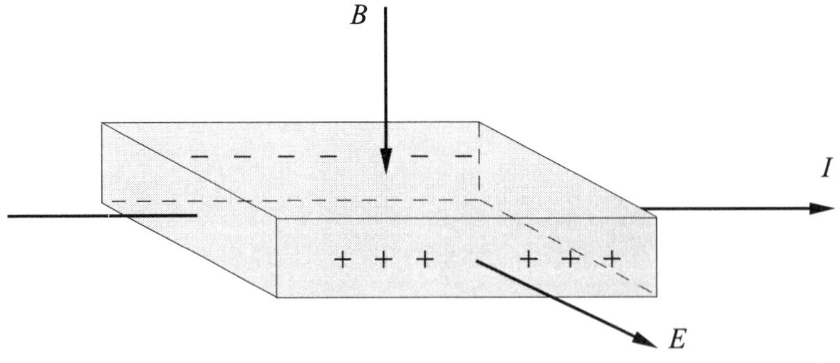

따라서 이러한 현상이 나타내는 재질은 게르마늄(Ge), 비스무트(Bi), 실리콘(Si) 등이며 응용면은 자계의 측정, 반도체의 전자밀도 측정 등에 이용된다.

2. 핀치 효과

도전성 유체를 도체로 하여 전류를 흘리면 전류의 방향과 수직방향으로 원형 자계가 발생하여 유체는 전자력이 작용해서 액체의 단면은 수축하여 저항이 많아진다.

저항이 많아지면 전류가 잘 흐르지 못하므로 다시 인력이 약해져서 유체의 단면적은 팽창하여 원래의 상태로 돌아온다.

이와 같이 도전성 유체에 전류를 흘리면 전류에 양이 감소 또는 증가를 반복하는 현상이 생기는데 이것을 핀치 효과(pinch effect)라 한다.

따라서 이러한 효과를 이용하면 열에너지를 좁은 공간에 모을 수가 있는데 이 원리를 응용하여 10,000 [℃] 이상 높은 온도의 광원을 얻을 수 있는 초고압 수은등을 만든다.

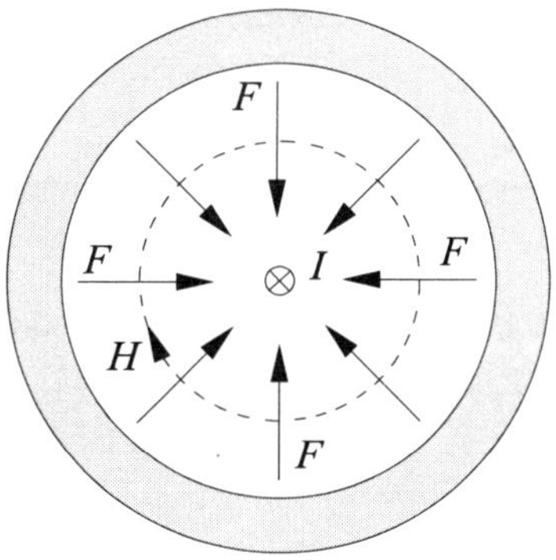

3. 스트레치 효과

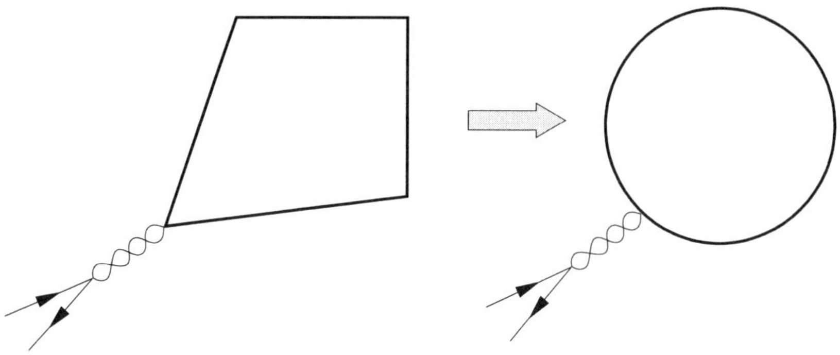

그림에서와 같은 도선에 큰 전류를 흘리면 전류와 자계 사이의 힘에 의하여 도선 상호간 반발력이 생겨서 도선은 원형으로 형성되는데 이런 현상을 스트레치 효과(stretch effect) 라고 한다.

Example 7-11 자계 중에 전류 10 [A]가 흐르고 도체의 길이가 60 [cm]이며 도체와 직각으로 자속밀도가 5 [Wb/㎡] 일 때 도체가 움직이는 시간이 3 [sec] 동안이었다. 이때 기계적 동력 P_0 는 얼마일까?

Solution 7-11

$$v = \frac{r}{t} = \frac{0.6}{0.3} = 2 \text{ [m/sec]}$$

$$P = \frac{IB}{v} = 10 \times 5 \times 0.5 = 25 \text{ [W]}$$

Part 8.
전자유도

Section 1. 전자유도 현상

아래 그림 (8.1 a)에 표시된 바와 같이 코일에 검류계 G를 연결하여 폐회로를 만들고 그 가까이서 연구자석 N을 가까이 가져갔다가 멀리 떼어 놓는 동작을 몇 번 되풀이 하면 검류계 G가 진동하고 이때 코일에 전류가 흐르는 것을 관찰할 수 있다. 자석이 움직이지 않고 정지하고 있을 때는 코일에 전류가 흐르지 않는다. 또 자석M을 움직이는 속도가 빠를수록 유도되는 전류가 많다. 이와 같은 사실에서 자계의 시간적 변화가 전류를 유도한다는 것을 알 수 있는데, 이러한 현상을 **전자유도**라고 한다.

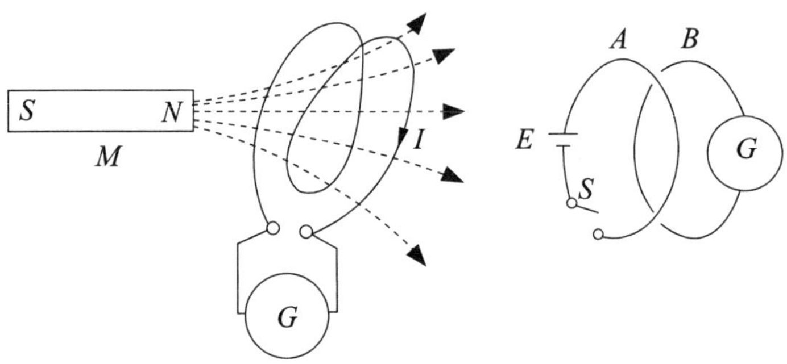

(a) (b)

[그림 8-1] 전자유도 실험

전자유도 현상은 전기회로에 자계가 변화함으로써 나타나는 것이기 때문에 이 경우에 자석을 고정시키고 코일 쪽을 움직여도 전류가 발생한다. 도 그림 8.1(b)와 같이 회로 A의 스위치 S를 개폐해도 회로 B에는 전류가 흐르며, 전류가 흐르고 있는 회로 A를 움직여도 회로 B에 전류가 발생한다.

전기회로와 쇄교하고 있는 자속이 변화하든가 또는 그 회로를 만들고 있는 도선이 자속을 끊으면 그 회로에 기전력이 생긴다고 할 수 있다. 이러한 현상을 **전자유도현상**이라고 한다.

Section 2. 페러데이(전자유도) 법칙

1. 렌즈의 법칙

정지하고 있는 물체를 움직이려고 하면 이것을 정지시키려고 하는 반대의 힘이 반드시 그 물체에 작용한다. 통상 어떤 물질에 작용이 가해지면 이 작용을 저지하려는 반작용이 발생하게 된다. 즉, 물을 가열해서 온도를 높이려고 하면 물을 기화하여 기화열을 뺏으므로써 온도의 상승을 방해하는 것이 한 예이다. 이것은 전자유도의 경우에도 마찬가지로 전자유도에 의해 회로에 발생하는 자속의 변화를 방해하는 방향으로 전류가 발생하는데, 이것을 렌즈의 법칙이라고 한다.

2. 레러데이의 법칙

렌즈의 법칙이 유도기전력의 방향에 대한 법칙이라고 하면, 그 크기에 대해 여러 가지 실험을 해본 결과 레러데이가 다음과 같이 그 결과를 얻었다. 즉, 하나의 회로에서 전자유도에 의해 발생하는 기전력의 크기는 그 회로에 쇄교하는 자속의 증감율에 비례한다는 것이다. 이것을 레러데이 법칙이라고 한다.

그림(8-2)에 있어서 이 회로와 쇄교하고 있는 자속 Φ가 dt 시간 내에 $d\Phi$로 변화한다고 할 경우, 이 회로에 생기는 유도기전력 e는

$$e = -\frac{d\Phi}{dt}\ [\mathrm{V}] \qquad (8-1)$$

로 표시된다. 즉 자속이 매회 1 [Wb]의 비율로 감소할 때 유도기전력은 1 [V]가 된다.
여기서 Φ가 자속쇄교수이고, 코일을 N번 감으면 쇄교자속수는 $N\Phi$가 된다.

따라서 유도기전력은 다음 식과 같이 N에 비례해서 커진다.

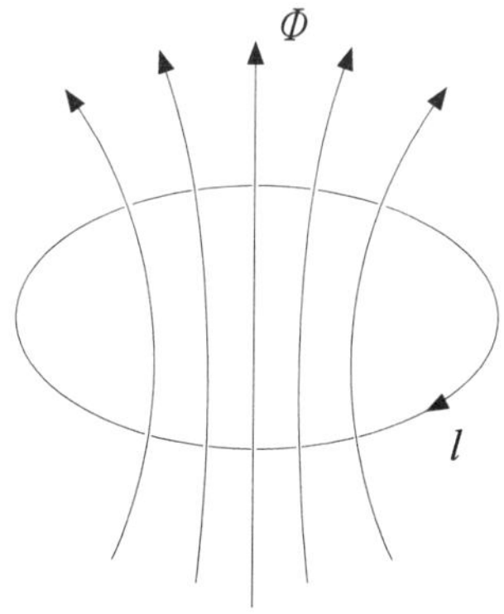

[그림 8-2] 자속과 기전력의 방향

$$e = -N\frac{d\Phi}{dt}\ [\mathrm{V}] \qquad (8-2)$$

로 표시한다.

위 식은 패러데이의 전자유도법칙을 수식화한 것이다.

여기서 자속의 M · K · S 단위에 대해서 생각해 보기로 한다.

식 (8−1)에서 Φ의 차원을 역으로 환산하면 [V · S]가 된다. 이 [V · S]를 M · K · S 단위계에서는 weber라고 하며, 이를 자속의 단위로 정하여 [Wb]로 표시한다.

또, 식 (8−1)을 변형해보면, 전계 E에 의한 기전력은

$$e = \int_c E \cdot dl \qquad (8-3)$$

로 표시되고 자속은

$$\Phi = \int_s B \cdot ds \qquad (8-4)$$

이므로 식 (8−1)은

$$\oint_c E \cdot dl = -\frac{d}{dt}\int_s B \cdot ds \qquad (8-5)$$

가 된다.

Stoks의 정리에 의하여

$$\oint_c E \cdot dl = \int_s \mathrm{rot}\, E \cdot ds \tag{8-6}$$

이므로 따라서

$$\int_s \mathrm{rot}\, E \cdot ds = -\int_s \frac{\partial B}{\partial t}\, ds \tag{8-7}$$

가 되고, 이것은 임의의 면적 S에 의해서 항상 성립하므로

$$\mathrm{rot}\, E = -\frac{\partial B}{\partial t} \tag{8-8}$$

를 얻는다.

위 식은 (8−1)의 기전력 대신 전계, 자속 대신 자속밀도를 취한 것이며, 레러데이의 전자 유도법칙의 미분형이라고도 한다.

3. 도체 운동의 의한 기전력

지금까지는 회로가 고정되어 있고 자속이 시간적으로 변화하는 경우를 취급하였는데 이제는 일전 자계 중에서 회로의 이동에 의한 쇄교 자속 수의 시간적 변화를 알아보기로 한다. 이것을 운동전자유도라고 한다.

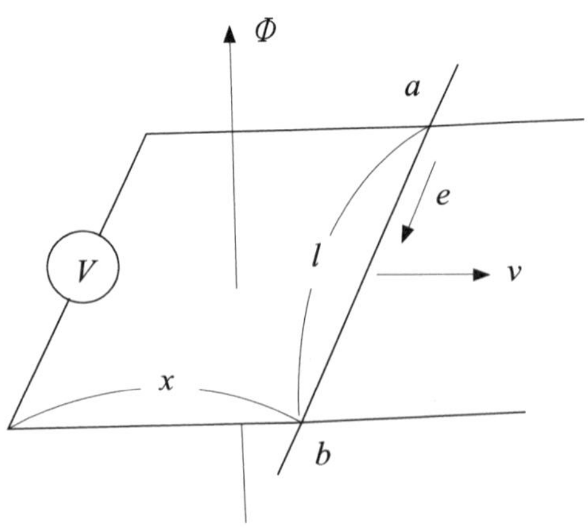

[그림 8-3] 속도 v를 운동하는 도체

위 그림(8-3)과 같이 길이 l [m]인 도체 ab가 속도 v [m/s]로 자계속을 운동한다고 하면, 도체에는 a 에서 b 방향으로 유도기전력 e 를 발생한다. 이때 dt [S] 간에 변화된 면적은 $ds = lvdt$ [m²]이므로 쇄교하는 자속 $d\Phi$ 는

$$d\Phi = Bds = Blvdt \qquad (8-9)$$

따라서 유도기전력의 크기는

$$e = -\frac{d\Phi}{dt} = vBl\ [\mathrm{V}] \qquad (8-10)$$

로 된다. 즉 도체가 자속밀도 B 를 v 의 속도로 끊을 때 그 도체에 생기는 유도기전력의 크기는 도체의 단위 길이에 대해 vB [V]이다.

그림(8-4(b))와 같이 자속밀도 B 와 각 θ 의 방향으로 v [m/s]의 속도로 운동하는 길이 l [m]인 직선상 도체에는

$$e = vBl\sin\theta\ [\mathrm{V}] \qquad (8-11)$$

의 유도기전력이 발생한다. 이 기전력은 도선이 자속을 끊을 때 유기된다고 할 수 있는데, 반대로 도선이 정지하고 자속이 변화하여도 같은 결과가 얻어진다.

특히 v 와 B 가 직각일 때는 위 식은 (8-10)과 같이 된다.

이들 $v \cdot B \cdot e$ 의 방향 사이에는 다음과 같은 관계가 있다.

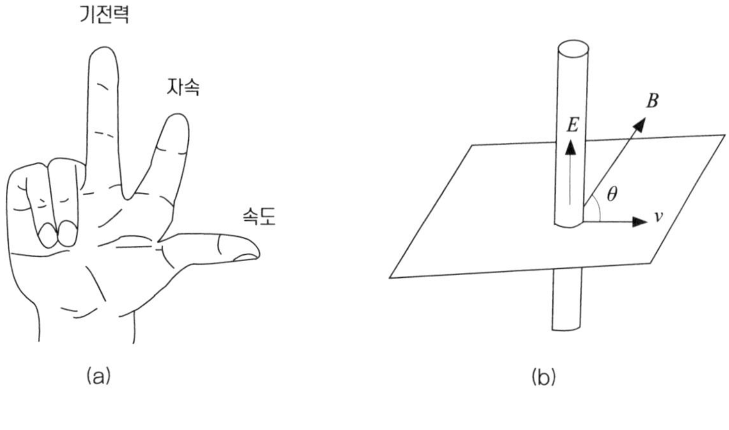

[그림 8-4] 플레밍의 오른손의 법칙

그림 8-4(a)와 같이 오른손의 엄지, 검지, 중지를 서로 직각으로 구부리고, 엄지, 검지를 v, B의 방향으로 하면 유도기전력 e는 중지의 방향이 된다. 이것을 플레밍의 오른손 법칙이라고 한다.

vector 기호로 나타내면

$$e = (v \times B)\, l \text{ [V]} \tag{8-12}$$

일반적인 경우로 l을 미소길이 dl로 나타내면 폐회로 c에 대한 기전력은

$$e = \ c\ (v \times B) \cdot dl \text{ [V]} \tag{8-13}$$

이것을 전계 E로 나타내면

$$E = v \times B \text{ [V/m]} \tag{8-14}$$

가 된다. 이와 같은 관계는 다음 설명으로부터 얻어진다.

그림(8-5)와 같이 폐회로 c가 오른쪽으로 이동하기 때문에 생기는 Φ의 변화를 생각하면, c는 dt 사이에 vdt 만큼 이동한다. 그 값은 그림(8-5)의 원통측면을 지나는 자속과 같다.

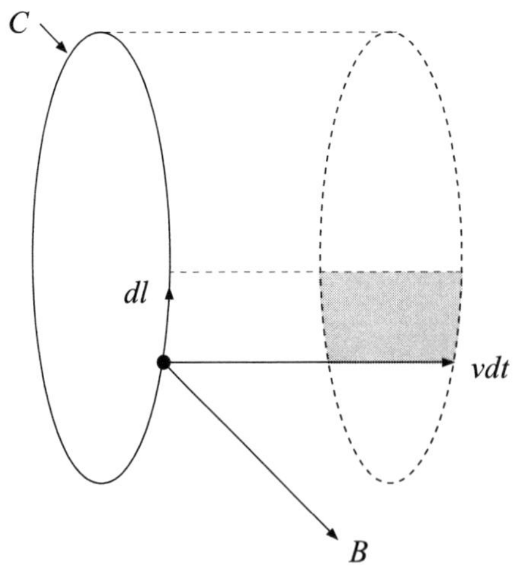

[그림 8-5] 폐곡선 c의 오른쪽으로의 이동

선소를 dt이라고 하면, dl이 이동하기 때문에 생기는 면적은 $ds = (v\times dl)\, dt$ 이고, 이것을 지나는 자속은 $B\cdot(v\times dl)\, dt = (B\times v)\cdot dl dt$ 이므로 자속의 변화는

$$d\Phi = dt\int_c (B\times v)\cdot dl = dt\int_c \mathrm{rot}\,(B\times v)\cdot ds$$

$$\therefore\ \frac{d\Phi}{dt} = \oint_c (B\times v)\cdot dt = \int_s \mathrm{rot}\,(B\times v)\cdot ds \qquad (8-15)$$

따라서

$$e = \oint_c (v\times B)\cdot dl = \int_s \mathrm{rot}\,(v\times B)\cdot ds\ [\mathrm{V}] \qquad (8-16)$$

가 얻어진다.

또 B의 시간 변화로 인해 유도기전력까지 고려하면 식(8-8)과 식(8-16)에서 다음과 같은 일반식을 얻는다.

$$e = \oint_c E\cdot dl = -\int_s \{\frac{\partial B}{\partial t} + \mathrm{rot}\,(B\times v)\}ds\ [\mathrm{V}]$$

$$\therefore\ \mathrm{rot}\,E = -\{\frac{\partial B}{\partial t} + \mathrm{rot}\,(B\times v)\}\ [\mathrm{V/m^2}] \qquad (8-17)$$

Example 8-1 길이 3 [m]인 직선상 도체봉을 자속밀도 0.4 [Wb/m²]의 평등자계 중에 자계와 수직으로 놓고 이것을 50 [m/s]의 속도로 자계와 30° 의 각으로 움직였다. 이때 유도기전력을 구해보시오.

Solution 8-1 식(8-11)을 이용해서 구해보자.

$e = vBl\sin 30^\circ$

$= 50\times 0.4\times 3\times 0.5 = 30$ [V]

4. 전자 유도현상의 응용

일정한 자계속에서 코일을 회전시키면 기전력이 발생하는데, 이것이 발전기의 기초원리이다. 철심에 감은 1, 2차 코일의 1차측에 교번자속을 주면 두 코일의 현수비에 비례하는 전압비로 2차측 코일의 전압을 높이기도 하는 변압기를 만들 수 있다. 이와 같은 것은 모두 전자유도법칙을 응용한 것이다. 이 밖에 와전류는 한쪽에서 자기적 손실의 원인이 되지만 다른 한쪽에서는 이러한 전자유도현상이 적산전력계 등에 응용되고 있다.

전자유도현상은 전기기계, 전기회로 등 그 응용범위가 상당히 넓다.

Section 3. 교류의 발산

자속밀도가 B [Wb/m²] 인 평등자계 내에서 각 속도 ω [rad/s]로 중심축의 주위를 회전하는 경우에 코일에 유기되는 기전력을 구해보면, 아래 그림(8-6)과 같이 코일에 감은 회수 n, 면적을 S [m²]라고 하면 코일의 자속 쇄교수 Φ는

$$\Phi = nBS\cos\theta \text{ [Wb]} \tag{8-18}$$

가 된다.

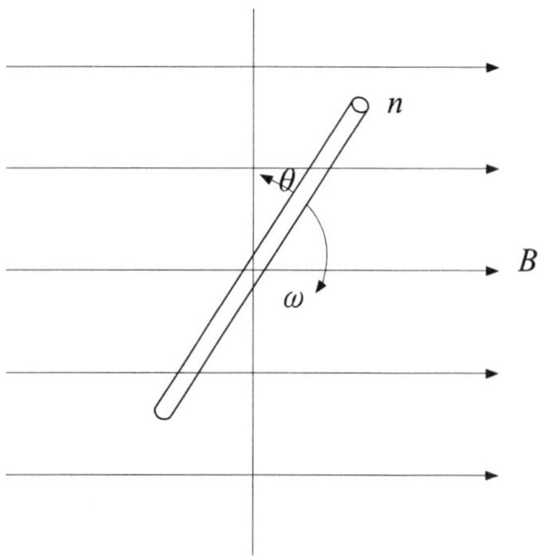

[그림 8-6] 평등자계내의 코일

이때 코일에 유기되는 기전력은 아래와 같이 표시된다.

$$e = -\frac{d\Phi}{dt}$$

$$= -\frac{d}{dt}(nBS\cos\theta) = nBS\sin\theta \cdot \frac{d\theta}{dt} \qquad (8-19)$$

여기서, $\frac{d\theta}{dt} = \omega$ 이고, $\theta = \omega t$ 이므로

$$e = n\omega BS \sin \omega t \text{ [V]} \qquad (8-20)$$

로 된다. 또한 $E_m = n\omega BS$ 고 놓으면

$$e = E_m \sin \omega t \text{ [V]} \qquad (8-21)$$

같이 된다. 이 때 코일에 유기되는 기전력을 교류전압이라고 하고 이러한 파형을 **정현파**라고 한다. E_m 을 정현파 교류전압의 최대값을 나타내는 최대치(파고값)이라 하며, 시간의 함수로 나타낸 교류전압을 **순시치**(instantaneous value)라고 한다.

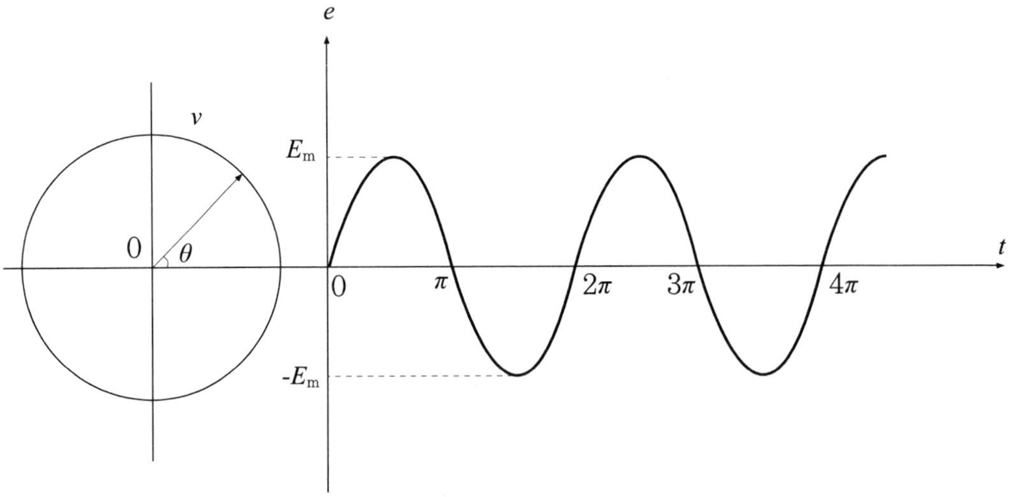

[그림 8-7] 정현파의 교류전압

위 그림(8-7)에 나타낸바와 같이 교류전압은 일정한 시간마다 반복하는 전압으로서 주기를 T, 주파수를 f, 각 주파수를 ω 라고 하면

$$T = \frac{2\pi}{\omega} = \frac{2\pi}{2\pi t} f = \frac{1}{f} S$$

$$f = \frac{1}{T} = \frac{\omega}{2\pi} \text{ [Hz]} \qquad (8-22)$$

이다. 여기서 Hertz(Hz)는 주파수의 단위이며, ω 는 각 주파수를 나타낸다.

또한 정현파 전류도 다음과 같이 생각할 수 있다.

$$I = I_m \sin \omega t \text{ [A]} \qquad (8-23)$$

교류의 전압, 전류를 실제로 이용하는 실효치로 표시하면 다음과 같다.

$$E = \frac{1}{\sqrt{2}} E_m \text{ [V]}$$

$$I = \frac{1}{\sqrt{2}} I_m \text{ [V]} \qquad (8-24)$$

여기서 E, I는 정현파 교류전압과 정현파 교류전류의 실효치를 의미한다.

Section 4. 인덕턴스

1. 개 요

① 전자유도에 의하여 전압이 유도되어지는 세기이며 코일(coil)에 대한 고유의 값을 나타낸다.

② 인덕턴스(inductance)의 표기는 L로 나타낸다.

③ 인던턱스의 단위는 [H]로 표시하며 헨리(henry)라고 읽는다.

④ 도면 표시

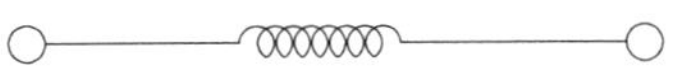

⑤ 보조 단위
1 [H] = 1,000 [mH]

2. 자기유도

페러데이가 전자유도에 관한 법칙을 발견한 다음 해인 1832년에 헨리(J.Henry)는 자기회로의 전류변화에 의해서 자기 자신의 회로에 기전력이 유도된다는 것을 발견했다. 즉 임의의 회로에서 이 회로에 흐르는 전류가 변화하면 이 전류에 의한 쇄교자속수도 변화할 것이므로 이 변화를 막는 방향의 기전력이 자기 자신의 회로 내에 발생하게 된다.

즉, 코일(coil)에 시간적으로 변화하는 전류를 흘리면 이때 자속이 변화하여 코일 회로에 기전력이 유기되는 현상을 자기유도(self induction)라 하다.

자기유도의 크기는 전류 변화에 대한 기전력의 크기의 비로 나타내지만 자심의 재료나 권선회수에 따라 달라진다.

그림에서와 같이 권수 N 회인 코일에 전류 I [A]가 흐르면 이때 전류에 의하여 생기는 쇄교자속수 Φ는 전류 I에 비례하므로

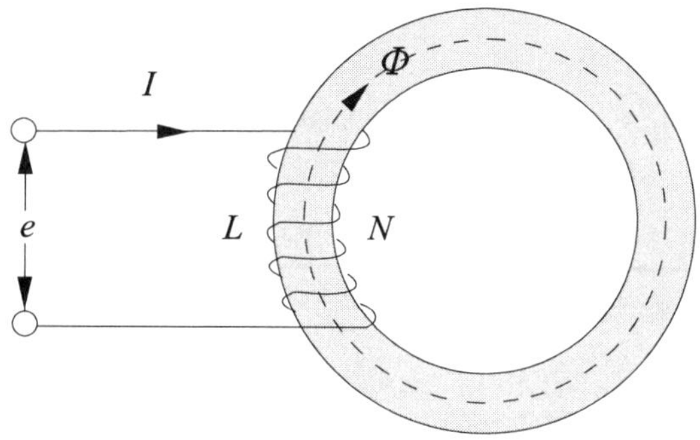

$$\Phi = L \cdot I \text{ [Wb]} \tag{8-25}$$

가 되는데 여기서 비례 상수 L을 자기인덕턴스(self inductance) 또는 자기 유도계수라 하며 또한 쇄교자속수는 코일의 권선회수와 자속의 곱을 나타낸다.

따라서 코일에 저항을 변화시키면 전류가 변화하여 전자유도 현상에 의해서 코일에는 역기전력이 발생하는데 역기전력 e는

$$e = -\frac{d\Phi}{dt} \text{ [V]} \tag{8-26}$$

가 되지만 식 (8-25)에 의하여

$$-\frac{d\Phi}{dt} = -L\frac{dI}{dt} \tag{8-27}$$

가 되므로 역기전력 e 는

$$e = -L\frac{dI}{dt}\ [\mathrm{V}] \tag{8-28}$$

가 된다.

여기서 (−)부호는 역기전력이 전류의 증가를 방해하는 방향으로 유기되는 것을 나타내며 또한 코일이 직류(DC)에 대해서는 역기전력이 발생하지 않아서 저항성분으로 작용하지 않지만 교류(AC)에 대해서는 역기전력이 발생하는 저항 성분으로 작용하게 된다.

따라서 전류 1 [A]에 대한 쇄교자속수 1 [Wb] 일 때를 1 [henry]라 하며 또는 1 [sec] 동안에 1 [A]가 흘러서 1 [V]의 전압이 유기되는 것을 1 [H] 라고도 한다.

그러므로 권선회수가 N [회] 일 때 자기인덕턴스 L [H]는

(8-29)

가 된다.

다음은 자기인덕턴스의 계산 예를 나타내고 있다.

Example 8-2 권선회수가 200 [회]인 코일의 자속쇄교수가 0.04 [Wb] 일 때 전류 4[A]를 인가하면 자기인덕턴스 L 는?

Solution 8-2 $L = \frac{N\Phi}{I} = \frac{200\times0.04}{4} = 2\ [\mathrm{H}]$

1) 환상 솔레노이드(solenoid)

환상 솔레노이드의 자기회로 길이가 l [m]이고 단면적이 S [m²]이며 권선회수를 N [회]라고 할 때 전류 I [A}가 흐르게 되면 이때 자기인덕턴스 L [H]는

$$L = \frac{\Phi}{I} = \frac{\mu S N^2}{l} = \frac{4\pi\mu_r S N^2}{l} \times 10^{-7} \ [\text{H}] \qquad (8-30)$$

가 된다.

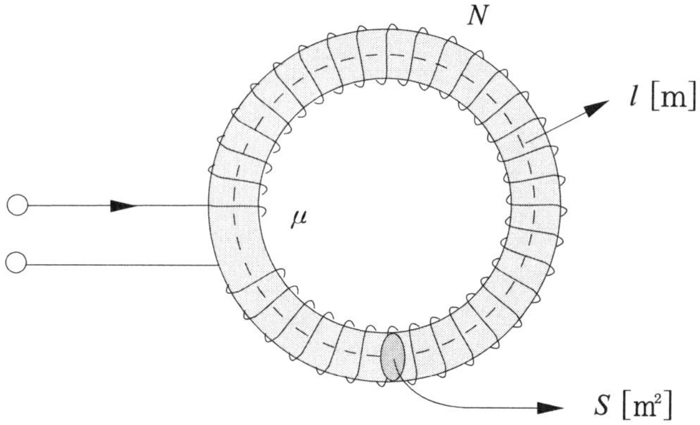

2) 무한장 원통 솔레노이드

단위길이당 권선회수를 n [회]라 하고 단면적이 S [m²]이며 반지름이 r [m] 일 때 전류 I [A]를 흘리면 무한장 원통 솔레노이드의 단위길이당 자기인덕턴스 L [H]는

$$L = \frac{N\Phi}{I} = \mu\pi r^2 n^2 = 4\pi\mu_r r^2 n^2 \times 10^{-7} \ [\text{H}] \qquad (8-31)$$

가 된다.

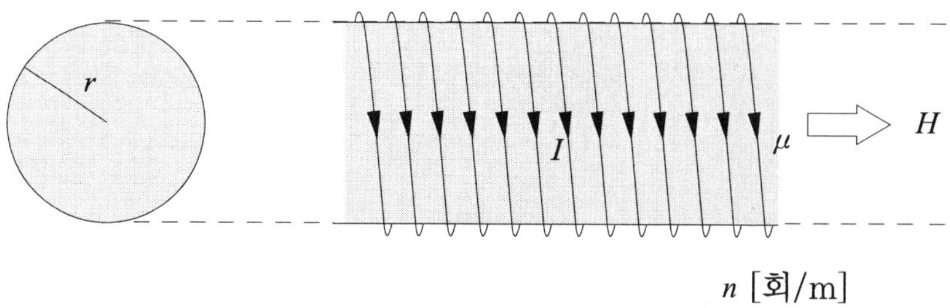

3) 유한장 원통 솔레노이드

길이가 l [m] 인 솔레노이드의 권선회수가 N [회]이며 반지름이 r [m]이고 투자율 μ 의 매질에서 유한장 원통 솔레노이드의 자기인덕턴스 L [H]는

$$L = 4\pi^2\mu_r r^2 n^2 l \times 10^{-7} = \frac{4\pi^2\mu_r r^2 N^2}{l} \times 10^{-7} \text{ [H]} \qquad (8-32)$$

가 된다.

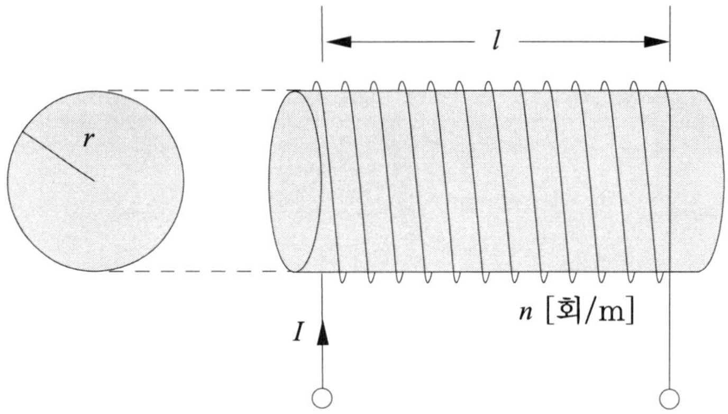

4) 두 평행 왕복 도선

두 개의 전선이 평행한 송전선과 같은 경우에 전류의 방향이 서로 반대로 흐르면 전체가 하나의 폐회로가 되므로 자기인덕턴스를 가지게 된다.

여기서 전선의 반지름이 r [m]이고 전선 중심간의 거리를 d [m]라 할 때 왕복 도선 사이에 단위길이당 자기인덕턴스 L [H]는

$$L = \frac{\Phi}{I} = \frac{\mu_0}{\pi} \ln \frac{d}{r} \text{ [H/m]} \qquad (8-33)$$

가 되며 도선의 왕복 내부 인덕턴스 L_i 가 2개 있으므로

$$L = 2 \times \frac{\mu}{8\pi} = \frac{\mu}{4\pi} \qquad (8-34)$$

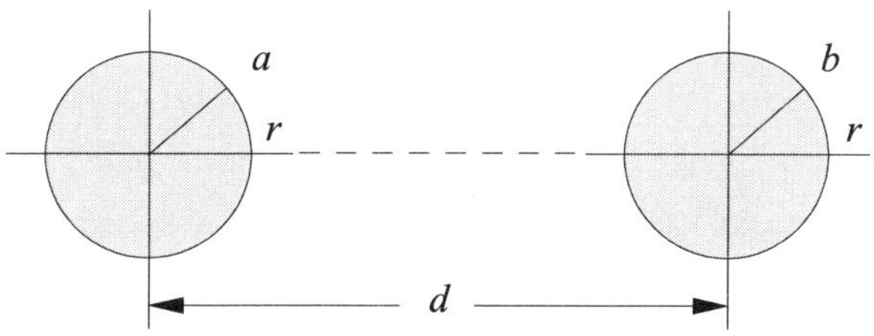

가 되어 왕복 도선 전체의 자기인덕턴스 L_0 [H]는

$$L_0 = \frac{\mu_0}{\pi} \ln \frac{d}{r} + \frac{\mu}{4\pi} \text{ [H/m]} \tag{8-35}$$

가 된다.

5) 동축 케이블

동축 케이블(coaxial cable)의 내부도체의 반지름이 a [m]이고 외부도체의 반지름이 b [m]인 경우 단위길이당 자기인덕턴스 L_0 [H] 는

$$L_0 = \frac{\Phi}{I} = \frac{\mu_0}{2\pi} \ln \frac{b}{a} \text{ [H/m]} \tag{8-36}$$

가 되며 내부도체의 자기인덕턴스 $\mu/8\pi$ 가 더 있으므로 이것을 합한 동축 케이블의 자기인덕턴스 L_0 [H]는

$$L_0 = \frac{\mu_0}{2\pi} \ln \frac{b}{a} + \frac{\mu}{8\pi} \text{ [H/m]} \tag{8-37}$$

가 된다.

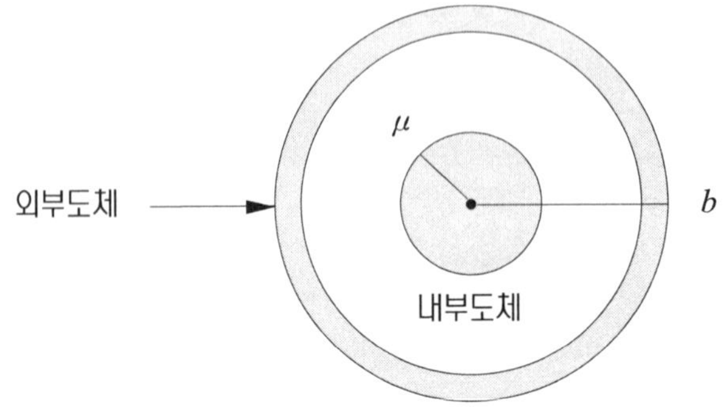

3. 상호유도

그림에서와 같이 L_1과 L_2 코일이 감겨 있을 때 L_1회로에 I_1의 전류를 공급하면 자속이 발생하여 L_2 코일에 유도되어 쇄교하므로 L_2 코일에 기전력이 유기되는 현상을 **상호유도**(mutual induction)라 한다.

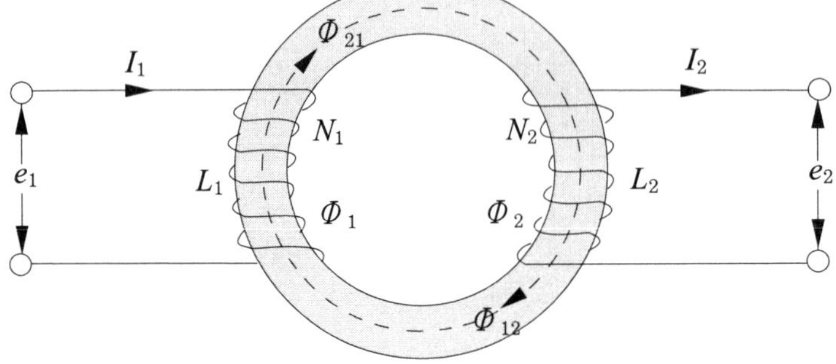

따라서 L_1 회로의 전류 I_1에 의한 쇄교자속수 Φ_{21}은 전류 I_1에 비례하므로

$$\Phi_{21} = M_{21} \cdot I_1 \text{ [Wb]} \tag{8-38}$$

가 되고 회로의 전류 에 의한 쇄교자속수 는 전류 에 비례하므로

$$\Phi_{12} = M_{12} \cdot I_2 \text{ [Wb]} \tag{8-39}$$

가 된다.

여기서 $M_{12} = M_{21} = M$의 관계가 성립하므로 상호유도작용의 크기인 을 **상호인덕턴스**(mutual inductance) 또는 **상호유도계수**라 한다.

따라서 L_1회로의 전류 I_1이 시간적으로 변화할 때 상호유도작용에 의하여 L_2 회로에 유도되는 기전력 e_2 는

$$e_2 = -\frac{d\Phi_{21}}{dt} = -M_{21}\frac{dI_1}{dt} = -M\frac{dI_1}{dt}\ [\mathrm{V}] \tag{8-40}$$

이고 L_1 회로에 전류 I_2 에 의하여 유도되는 기전력 e_1 은

$$e_1 = -\frac{d\Phi_{12}}{dt} = -M_{12}\frac{dI_2}{dt} = -M\frac{dI_2}{dt}\ [\mathrm{V}] \tag{8-41}$$

가 된다.

그러므로 L_2 회로의 권선회수가 N_2 [회] 일 때 상호인덕턴스 M_{21} [H]는

$$M_{21} = N_2\frac{d\Phi_{21}}{dI_1}\ [\mathrm{H}] \tag{8-42}$$

가 되며 회로의 권선회수가 일 때 상호인덕턴스 는

$$M_{12} = N_1\frac{d\Phi_{12}}{dI_2}\ [\mathrm{H}] \tag{8-43}$$

가 된다.

다음은 상호인덕턴스의 계산 예를 나타내고 있다.

Example 8-3 환상 솔레노이드의 1차측 코일의 권선회수가 500 [회]이고 1차측 전류가 3 [A], 2차 전류가 2 [A]이며 1차측 쇄교자속수가 0.4 [Wb], 2차측 쇄교자속수가 0.1 [Wb]일 때 1차측 상호인덕턴스 M은 얼마인가?

Solution 8-3 $M = N_1 \dfrac{\Phi_{12}}{I_2} = \dfrac{500 \times 0.1}{2} = 25$ [H]

1) 환상 솔레노이드

환상 솔레노이드에 L_1 코일에는 권수가 N_1 이고 L_2 코일의 권수는 N_2 이며 단면적이 S [m²], 자로의 길이 l [m], 투자율 μ 라고 할 때 환상 솔레노이드의 상호인덕턴스 2차 코일에 M_{21} [H]는

$$M_{21} = \frac{N_2 \Phi_1}{I_1} = \frac{\mu S N_1 N_2}{l} = \frac{4\pi\mu_r S N_1 N_2}{l} \times 10^{-7} \text{ [H]} \qquad (8\text{-}44)$$

가 된다.

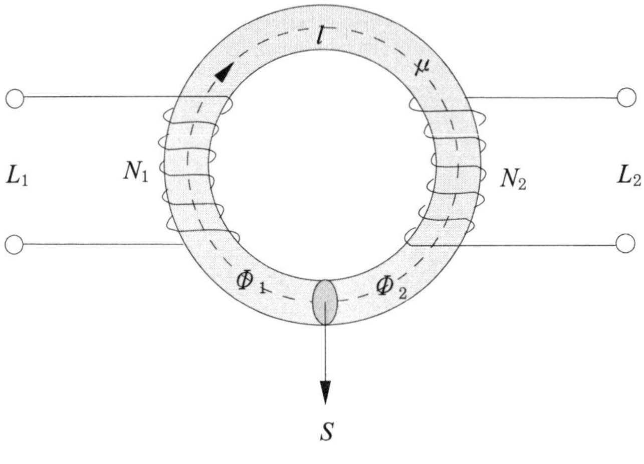

2) 겹으로 감긴 원통 솔레노이드

단위길이당 권선회수가 n [회]이고 단면적 S [m²]인 가늘고 긴 원통 솔레노이드의 외측에

다시 코일이 겹으로 N [회] 감겨있다면 이때 원통 솔레노이드 내측의 상호인덕턴스 M [H]는

$$M = \mu nSN = 4\pi\mu_r SN \times 10^{-7}\ [\mathrm{H}] \qquad (8-45)$$

가 된다.

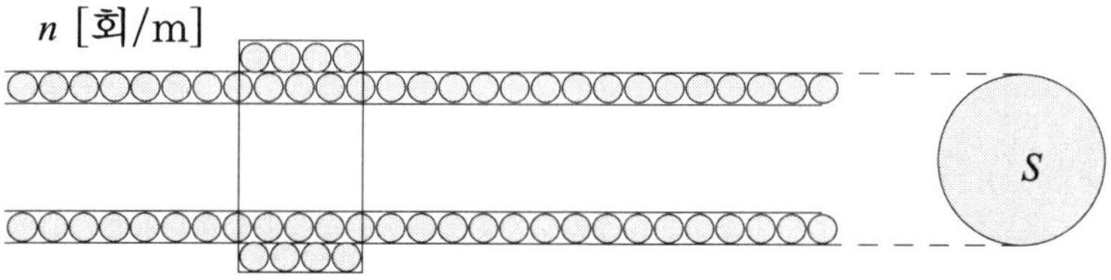

3) 2조의 왕복 도선

복선의 송전선과 같이 a와 b는 1조의 평행 왕복 전선이며 다른 도선의 c와 d도 1조의 왕복 전선일 때 이 2조의 도선 사이의 상호인덕턴스 M [H]는

$$M = \frac{\Phi}{I} = \frac{\mu_0}{2\pi}\, ln\, \frac{d_2 d_3}{d_1 d_4}\ [\mathrm{H}] \qquad (8-46)$$

가 된다.

4. 결합계수

상기의 상호인덕턴스 그림에서와 같이 L_1과 L_2는

$$L_1 L_2 = N_1 N_2 \Phi_1 \Phi_2$$

$$\therefore\ M_{12} M_{21} = N_1 N_2 \Phi_{12} \Phi_{21} \qquad (8-47)$$

이므로 회로에 누설자속(leakage flux)이 없으면 $\Phi_{21} = \Phi_1$, $\Phi_{12} = \Phi_2$가 되고 $M_{12} = M_{21} = M$가 되어서

$$M_2 = L_1 L_2$$

$$\therefore M = \sqrt{L_1 L_2} \qquad (8-48)$$

가 되는데 이것은 완전한 결합 상태의 경우이다.

그러나 실제로는 코일간에 누설자속이 있으므로

$$M = K\sqrt{L_1 L_2}$$

$$K = \frac{M}{\sqrt{L_1 L_2}} \qquad (8-49)$$

가 되는데 여기서 K를 결합계수(coupling coefficient)라 하며 0에서부터 1 사이의 값을 가지고 이 값은 두 코일의 크기 및 모양 그리고 상대적인 위치에 따라서 그 값이 결정된다.

Example 8-4 한 개의 코일 자기인덕턴스는 25 [mH]이고 또 하나의 코일 자기인덕턴스가 36 [mH] 일 때 결합계수가 1이라면 이때 상호인덕턴스는 몇 [H] 인가?

Solution 8-4 $M = K\sqrt{L_1 L_2} = 1\sqrt{25 \times 36} = 30$ [mH]

$\therefore M = 0.03$ [H]

5. 인덕턴스의 접속

1) 직렬 접속

① 상호인덕턴스가 없는 경우

그림에서와 같이 자기인덕턴스 L_1 과 L_2 를 직렬로 연결하였을 때 직렬 합성인덕턴스 L은

$$L = L_1 + L_2 \text{ [H]} \qquad (8-50)$$

가 되며 저항의 직렬 접속과 같은 형식이다.

② 상호인덕턴스가 있는 경우

그림에서와 같이 두 코일을 접속하고 전류 I를 흘릴 때 합성인덕턴스 L 은

$$L = L_1 + L_2 - 2M \text{ [H]} \qquad (8-51)$$

이며 M은 상호인덕턴스이다.

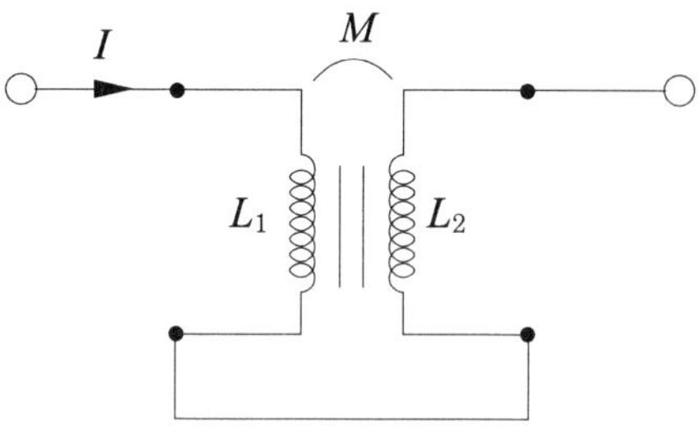

그림에서와 같이 두 코일을 접속하고 전류 I를 흘릴 때 합성인덕턴스 L 은

$$L = L_1 + L_2 + 2M \text{ [H]} \qquad (8-52)$$

이며 M은 상호인덕턴스이다.

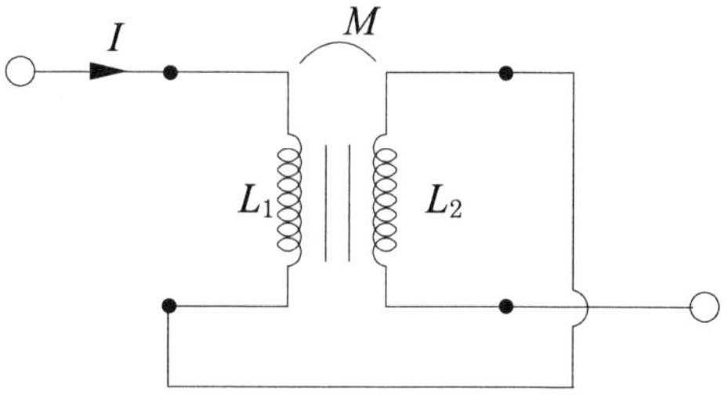

2) 병렬 접속

① 상호인덕턴스가 없는 경우

그림에서와 같이 자기인덕턴스 L_1과 L_2를 병렬로 연결하였을 때 병렬 합성인덕턴스 L은

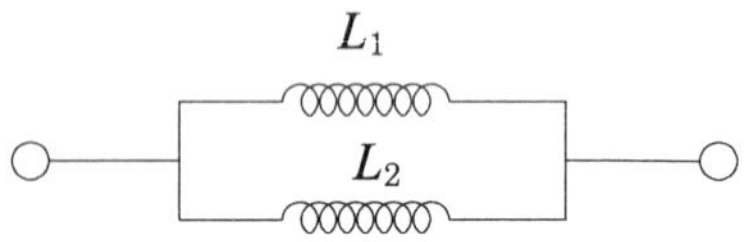

$$L = \frac{1}{\frac{1}{L_1} + \frac{1}{L_2}} \text{ [H]}$$

$$L = \frac{L_1 \cdot L_2}{L_1 + L_2} \text{ [H]} \qquad (8\text{−}53)$$

가 되며 저항의 병렬 접속과 같은 형식이다.

② 상호인덕턴스가 있는 경우

그림에서와 같이 두 코일을 접속하고 전류 I_1과 I_2를 흘릴 때 자속의 방향이 전류의 방향과 같으면 상호인덕턴스 $M > 0$ 이므로 합성인덕턴스 L은

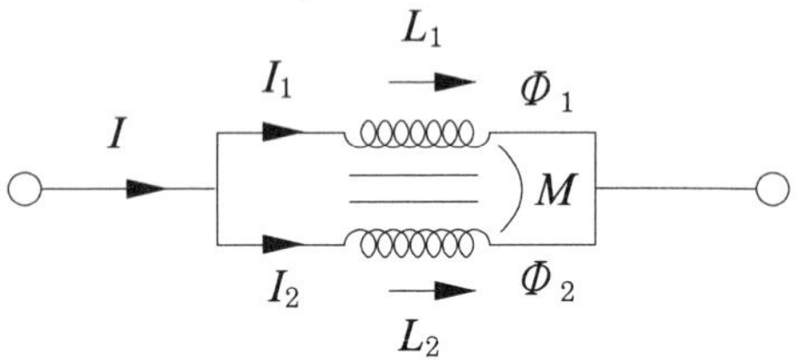

$$L = \frac{L_1 \cdot L_2 - M^2}{L_1 + L_2 - 2M} \text{ [H]} \qquad (8\text{−}54)$$

가 된다.

그림에서와 같이 두 코일을 접속하고 전류 I_1과 I_2를 흘릴 때 자속의 방향이 전류의 방향과 반대이면 상호인덕턴스 $M < 0$ 이므로 합성인덕턴스 L은

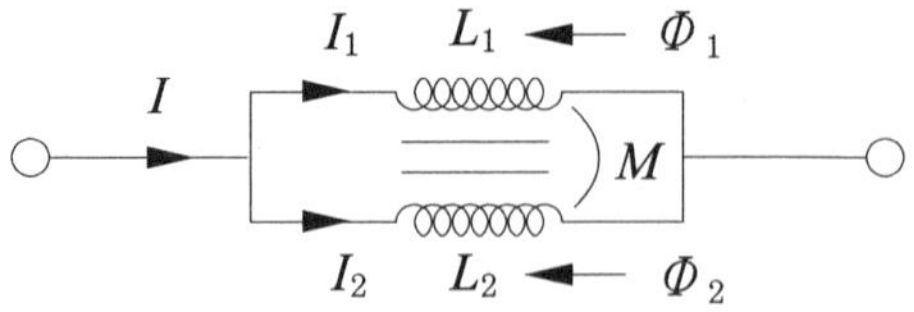

$$L = \frac{L_1 \cdot L_2 - M^2}{L_1 + L_2 + 2M} \text{ [H]} \qquad (8\text{−}55)$$

가 된다.

Example 8-5 그림과 같이 자기인덕턴스 L_1은 4 [mH]이고 L_2가 3 [mH]이며 상호인덕턴스가 1 [mH] 일 때 전류가 5 [A]를 흘렀다면 합성인덕턴스의 값은?

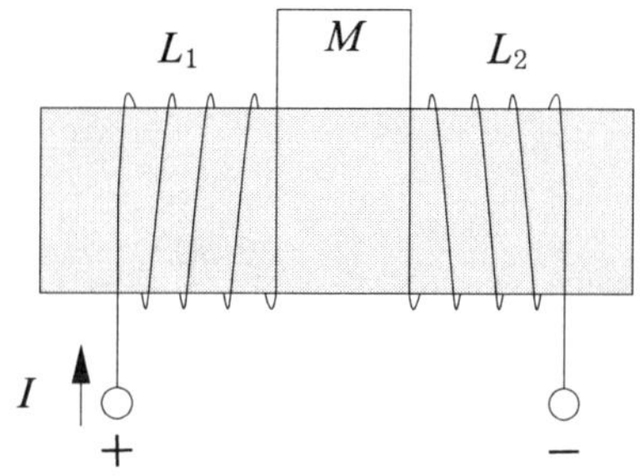

Solution 8-5 $L_0 = L_1 + L_2 - 2M = 4 + 3 - (2 \times 1) = 5$ [mH]

Section 5. 변압기

변압기(transformer)의 원리는 전자유도의 원리로서 1차측 코일의 전류 I_1과 전압 E_1 그리고 저항을 R_1이라 하고 2차측 코일의 전류 I_2와 전압 E_2, 저항이 R_2 일 때 N_1과 N_2는 각각 1차측 권선회수와 2차측 권선회수라 하면

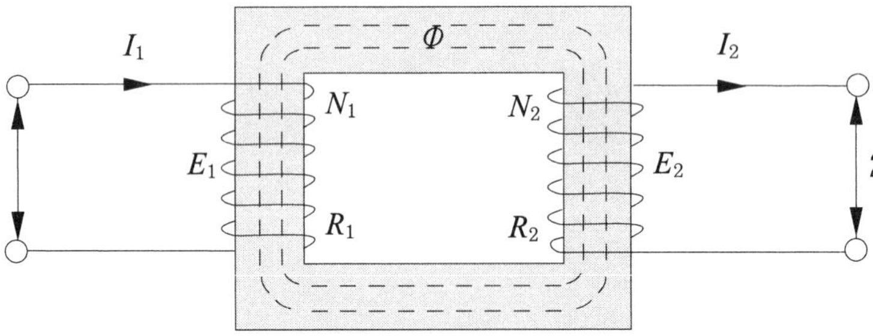

① **전압과 권선회수의 관계**

$$\frac{E_1}{E_2} = \frac{N_1}{N_2} \tag{8-56}$$

② **전류과 권선회수의 관계**

$$\frac{I_2}{I_1} = \frac{N_1}{N_2} \tag{8-57}$$

③ **저항과 권선회수의 관계**

$$\frac{R_1}{R_2} = (\frac{N_1}{N_2})^2 \qquad (8-58)$$

가 성립한다.

Example 8-6 변압기의 1차 코일의 권수가 100 [회]이고 2차 코일의 권수가 200 [회] 감겼을 때 2차 코일의 전류가 4 [A]이라면 1차 코일의 전류는 얼마인가?

Solution 8-6

$$\frac{I_2}{I_1} = \frac{N_1}{N_2}$$

$$\therefore I_1 = I_2 \frac{N_2}{N_1} = \frac{4 \times 200}{100} = 8\ [\text{A}]$$

Example 8-7 주상 변압기의 1차측 전압이 100 [V]이고 2차측 전압이 50 [V]라면 이때 1차측 코일의 권수가 1000 [회] 일 때 2차측 코일의 권수는 얼마인가?

Solution 8-7

$$\frac{N_1}{N_2} = \frac{E_1}{E_2}$$

$$\therefore N_2 = N_1 \frac{E_2}{E_1} = 1000 \times \frac{50}{100} = 500\ [\text{회}]$$

Part 9.
전자장

Section 1. 변위전류

도체 내에 흐르는 전류는 자유전자(free electron)의 이동에 의한 것으로 이를 전도전류라 하며, 그 크기는 옴의 법칙에 의하여 결정되고 그 도체 주위에 자계가 생긴다. 이 자계의 세기와 방향은 비오-사바르(Biot-Savart)의 법칙에 의해 정해진다.

그림에서와 같이 회로에 전류 I가 콘덴서 C로 유입하면 이때 회로에 흐르는 자유전자(free electron)의 이동이 발생하는데 이를 전도전류(conduction current)라 하며 도선 주위에는 자계가 형성되고 콘덴서 C에는 전류가 충전하게 된다.

그러나 전도전류 I는 도선으로 흐르지만 콘덴서 내부에는 흐르지 않으므로 전류는 불연속이 된다.

따라서 이러한 모순을 해결하기 위하여 콘덴서 전극 사이의 유전체 내에 존재하는 구속전자의 변위에 의한 전류가 흐른다고 가정한 것을 변위전류(displacement current)라 하며 1864년 맥스웰에 의하여 개념이 정립되었다.

여기서 전극의 면적을 S [㎡], 전극에 축적되는 전하를 Q [C]라 할 때 유전속밀도 D는

$$D = \frac{Q}{S} = \varepsilon E \text{ [C/m}^2\text{]} \qquad (9-1)$$

가 된다.

따라서 도선에 흐르는 전류가 콘덴서에 유입되어 흐르는 전류 I_d는

$$I_d = \frac{\partial Q}{\partial t} = S\frac{\partial D}{\partial t} = \varepsilon S\frac{\partial E}{\partial t}\ [\text{A}] \qquad (9-2)$$

가 되는데 이것을 변위전류라 한다.

또한 콘덴서의 단위면적당 흐르는 전류밀도를 구하기 위해 식 (9-2)를 극판면적 S로 나누면

$$I_D = \frac{I_d}{S} = \frac{\partial D}{\partial t} = \varepsilon\frac{\partial E}{\partial t}\ [\text{A/m}^2] \qquad (9-3)$$

가 되며 이때 I_D를 변위전류밀도(displacement current density)라 한다.

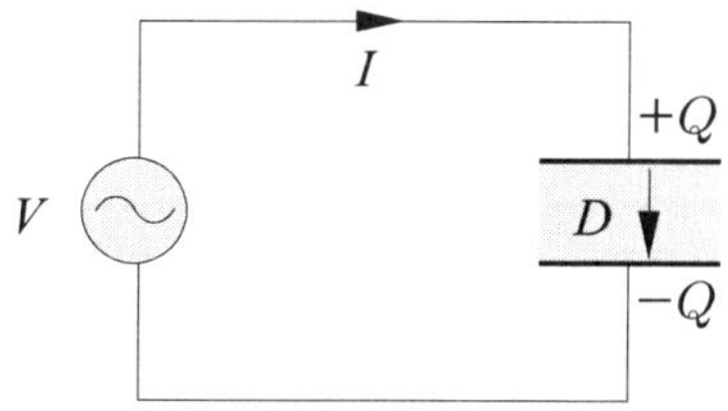

Example 9-1 다음에서 정전용량 C [F]의 평행판 축전기에 $V = E_m \sin \omega t$ [V]의 교류전압이 인가되었을 때 이 축전기(condenser)의 변위전류는?

Solution 9-1 면적이 S [m²]이며 극판 간격이 d [m]이고 유전율이 ε [F/m]이면

$$C = \frac{\varepsilon S}{d}\ [\text{F}]$$

이며 유전속밀도 D [C/m²]와 전계의 세기 E [V/m]는

$$E = \frac{V}{d} = \frac{E_m}{d}\sin \omega t\ [\text{V/m}]$$

$$D = \varepsilon E = \varepsilon\frac{E_m}{d}\sin \omega t\ [\text{C/m}^2]$$

이므로 변위전류 I_d는

$$I_d = S\frac{\partial D}{\partial t} = S\frac{\partial}{\partial t}\left(\varepsilon\frac{E_m}{d}\ \sin \omega t\right) = S\frac{\varepsilon}{d}$$
$$= CE_m \cos \omega t\omega = \omega CE_m \cos \omega t\ [\text{A}]$$

Example 9-2 전계의 세기가 30 [V/m] 이고 유전율이 2일 때 3 [sec] 동안 전하가 이동하였다면 이때 변위전류밀도는 얼마인가?

Solution 9-2 $D = \varepsilon E = 2 \times 30$ [C/m²]

$$\therefore I_D = \frac{\partial D}{\partial t} = \frac{60}{3} = 20 \text{ [A/m}^2\text{]}$$

Section 2. 맥스웰의 전자방정식

1820년 에르스테이(Oersted)의 전류에 의해서 나침반의 자침이 움직이는 것을 발견한 후, 패러데이(Faraday)는 1831년 2개의 코일을 감고 한쪽 코일에는 전원과 스위치를, 다른 한쪽 코일에는 검류계(galvanometer)를 연결하여 스위치를 넣는 순간 검류계의 지침이 움직이는 것을 실험으로 알았다.

맥스웰의 방정식(maxwell's equation)은 전계와 자계를 설명하는데 기본적인 법칙으로서 이 방정식으로부터 전자기학의 많은 식을 유도할 수 있다.

1. 맥스웰 제1방정식

자계의 시간적인 변화가 기전력 e를 발생시키는 페러데이의 법칙에서 전계 E를 적분하면

$$e = \int E \cdot dl = -\int_s \frac{\partial B}{\partial t} \cdot dS \qquad (9-4)$$

이며 스토크스의 정리(stockes' theorem)를 적용하면

$$\int_s (\text{rot } E) \cdot dS = -\int_s \frac{\partial B}{\partial t} \cdot dS \qquad (9-5)$$

가 된다. 이 식의 양변을 미분하면

$$\text{rot}\ E = -\frac{\partial B}{\partial t} \qquad (9\text{-}6)$$

가 되는데 이 식은 자계의 시간적 변화가 전계를 유도하는 물리적인 표현으로서 페러데이 법칙에 의하여 유도된 맥스웰 제1방정식이다.

2. 맥스웰 제2방정식

도선에 전류가 흐르면 그 주위에 자계가 생기는 암페어의 주회적분 법칙에서 도체에 흐르는 전도전류밀도를 I_c라 하면

$$\int H dl = \int_s \left(I_c + \frac{\partial D}{\partial t} \right) dS \qquad (9\text{-}7)$$

이므로 스토크스의 정리를 적용하면

$$\int (\text{rot}\ H) \cdot dS = \int_s \left(I_c + \frac{\partial D}{\partial t} \right) \cdot dS \qquad (9\text{-}8)$$

가 된다. 이식의 양변을 미분하면

$$\text{rot}\ H = I_c + \frac{\partial D}{\partial t} \qquad (9\text{-}9)$$

가 되는데 이 식은 전계의 시간적인 변화가 자계를 유도하는 물리적인 표현으로서 암페어의 주회적분 법칙에 의하여 유도된 맥스웰 제2방정식이다.

3. 가우스의 정리에서(맥스웰 제3방정식)

자속에 대한 가우스(gauss)의 정리는 임의의 폐곡면을 통과하는 자속은 전체전하의 합과 같다는 것으로 전계에서는

$$\text{div } D = \nabla \times D = \rho \qquad (9-10)$$

되고 유도자계에서는 전하에 해당되는 물질이 존재하지 않고 자속의 발산이 없으므로

$$\text{div B} = \nabla \times B = 0 \qquad (9-11)$$

가 된다. 따라서 맥스웰의 전자방정식은 자계와 전계 사이의 관계 및 전자계와 원천인 전하 및 전류와의 관계를 나타내고 있다.

여기서, 맥스웰의 제1방정식에서 전계 E와 자계 H의 성분을 직각 좌표상으로 나타내면

$$\text{rot } E = -\frac{\partial B}{\partial t} = -\mu\frac{\partial H}{\partial t} = \left(\mu\frac{\partial H_x}{\partial t}i + \mu\frac{\partial H_y}{\partial t}j + \mu\frac{\partial H_z}{\partial t}k\right) \qquad (9-12)$$

이므로 이 식을 정리하여 성분을 같게 하면

$$-\mu\frac{\partial H_x}{\partial t} = \frac{\partial E_z}{\partial y} - \frac{\partial E_y}{\partial z}$$

$$-\mu\frac{\partial H_y}{\partial t} = \frac{\partial E_x}{\partial z} - \frac{\partial E_z}{\partial x}$$

$$-\mu\frac{\partial H_z}{\partial t} = \frac{\partial E_y}{\partial x} - \frac{\partial E_x}{\partial y} \qquad (9-13)$$

가 된다. 같은 방법으로 맥스웰 제2방정식에서 자계 H와 전계 E의 성분을 직각 좌표상으로 나타내면

$$\text{rot } H = \frac{\partial D}{\partial t} = \varepsilon\frac{\partial E}{\partial t} = \left(\varepsilon\frac{\partial E_x}{\partial t}i + \varepsilon\frac{\partial E_y}{\partial t}j + \varepsilon\frac{\partial E_z}{\partial t}k\right) \qquad (9-14)$$

이므로 이 식을 정리하여 성분을 같게 하면

$$\varepsilon \frac{\partial E_x}{\partial t} = \frac{\partial H_z}{\partial y} - \frac{\partial H_y}{\partial z}$$

$$\varepsilon \frac{\partial E_y}{\partial t} = \frac{\partial H_x}{\partial z} - \frac{\partial H_z}{\partial x}$$

$$\varepsilon \frac{\partial E_z}{\partial t} = \frac{\partial H_y}{\partial x} - \frac{\partial H_x}{\partial y} \qquad (9-15)$$

가 된다. 여기서 rot를 취하면

$$\text{rot } E = \text{grad div } E - \nabla^2 E = -\mu \frac{\partial^2 E}{\partial t^2} \ (\text{rot } H) \qquad (9-16)$$

가 되며 전하분포가 없다고 한다면 div $E = 0$ 이므로 식 (9−16)에 rot $H = \varepsilon \partial E/\partial t$ 를 대입시키면

$$\nabla^2 E = \varepsilon\mu \frac{\partial^2 E}{\partial t^2} \qquad (9-17)$$

가 되어 전계 E 를 만족시키는 방정식이 된다.

마찬가지로 자계 H 를 만족시키는 방정식을 상기 식과 같은 형태로 유도하여 얻으면

$$\nabla^2 H = \varepsilon\mu \frac{\partial^2 H}{\partial t^2} \qquad (9-17)$$

가 되는데 식 (9−17)과 식 (9−18)을 전계와 자계에 대한 파동 방정식(wave equation)이라 한다.

Section 3. 전자파

1. 전자파의 발생

그림에서와 같이 Φ [Wb]가 변화하면 그 회로의 기전력(electricmotivc force)이 발생하는데 기전력의 방향이 전계변화를 방해하는 방향으로 역기전력이 발생한다는 페러데이(faraday)의 유도법칙에 기인하여 그림 (b)와 같은 역기전력이 발생한다.

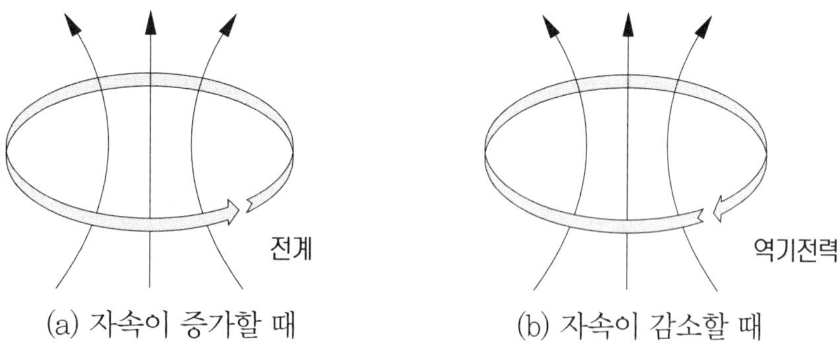

[그림 9-1] 페러데이의 유도법칙

이와 같이 전계의 변화가 자계를 유기하고 역으로 자계의 변화가 전계를 유기하므로 그림에서와 같이 전계와 자계가 연속적으로 맞물려서 공간을 방사하게 되는데 이것을 전자파(electromagnetic wave)라고 한다. 전자파는 전계의 벡터가 대지와 수평으로 형성될 때 수평편파(horizontally polarized wave)라고 하며 대지와 수직으로 형성될 때 수직편파(vertically polarized wave)라고 한다.

그리고 전계의 벡터가 X축과 Y축의 원을 그리며 전파하는 것을 원편파라고 하는데 오른쪽으로 원을 그리며 전파하는 것을 우수원편파(right hand circular polarized wave)라고 하며 왼쪽으로 원을 그리며 전파하는 것을 좌수원편파(left hand circular polarized wave)라고 한다.

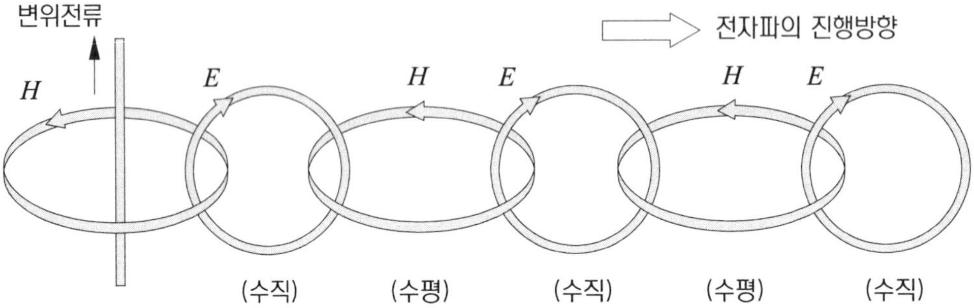

[그림 9-2] 전자파의 진행

2. 전자파의 방사

그림 (a)에서와 같이 두 개의 평면판에 직류(direct current)를 인가하면 위판에는 (+)전하가 아래판에는 (−)전하가 발생하여 전기력선이 형성되지만 교류(alternating current)를 인가하면 (+)전하와 (−)전하가 교대로 나타나게 된다.

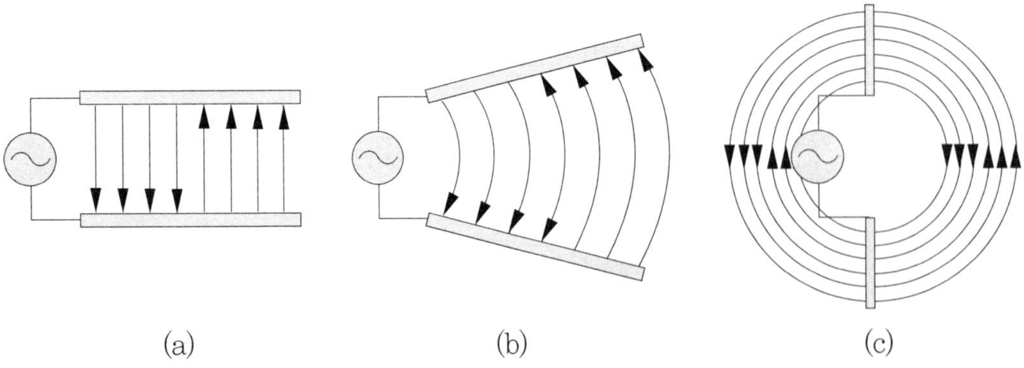

[그림 9-3] 전자파의 복사

이와 같이 전하가 유기된 것을 그림 (b)와 같이 벌리면 전기력선은 반원을 그리며 전기력선을 보존하게 되지만 그림 (c)와 같이 완전히 벌리면 전기력선과 자기력선을 보전할 수가 없으므로 방사되어 공간으로 퍼져나가게 된다. 이와 같은 원리를 응용한 것을 안테나(antenna)라고 하며 실제 사용되는 안테나(antenna)의 종류에는 여러 가지 형식이 있지만 일반적으로 발진기(OSC)에서 고주파 전류를 연속적으로 안테나에 공급하여 전자파를 복사시키게 하는 다이폴(dipole) 안테나를 들 수 있다

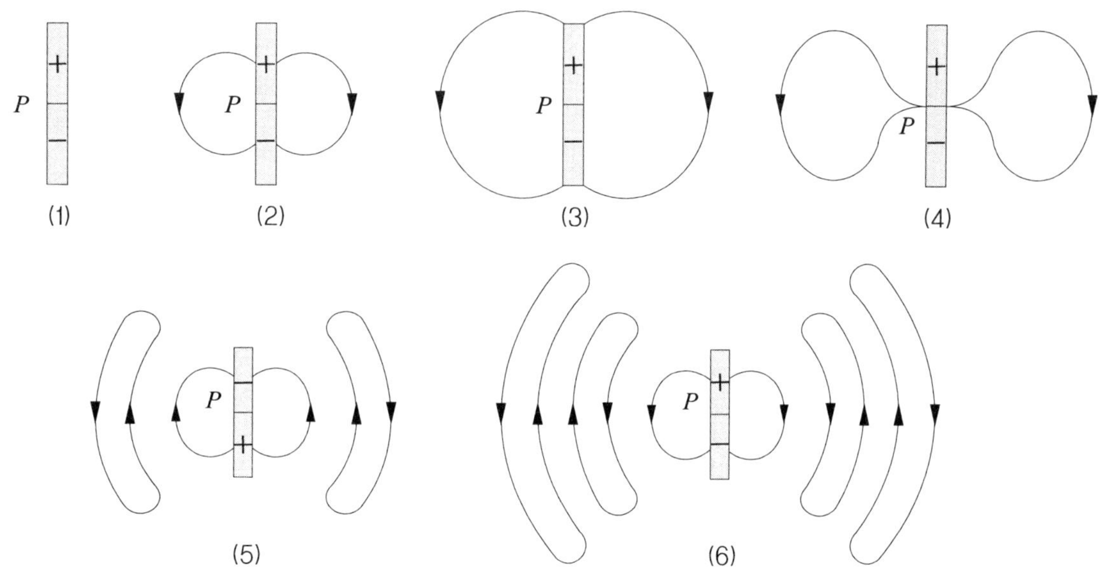

[그림 9-4] 전자파의 방사

따라서 안테나가 전자파를 방사할 때 그림 (1)에서 같이 급전점 P에 전원이 없으면 발생하지 않지만 그림 (2)에서와 같이 AC 고주파 전류에 의하여 전하가 유도되어 (+)에서 (−) 방향으로 전기력선과 자기력선이 형성된다.

그림 (3)에서와 같이 전원이 인가되면 계속 전하가 유도되어 도체 끝단까지 전파되지만 끝단이 개방되어 있어 그림 (4)와 같이 P점에 다시 돌아와서 풍선과 같은 모양을 취하게 된다. 이 풍선과 같은 전자파는 공간으로 전파되고 그림 (5)에서와 같은 극성이 비뀌면서 전하가 유도되므로 다시 전기력선과 자기력선이 형성되며 풍선과 같은 전자파는 공간으로 방사하게 된다.
그림 (6)과 같이 전자파는 일정한 법칙에 의하여 공간을 계속 방사하게 되지만 전자파에 세기는 멀어질수록 점점 약하게 되고 전원을 중단하여도 이미 방사된 전자파는 계속하여 공간을 전파하게 된다.

3. 전자파와 주파수

전자파는 저주파수에서는 회절현상(diffractive phenomenon)이 심하고 고주파수가 될수록 직진성을 가지며 두가지 이상의 같은 주파수의 파동이 합성되었을 때 위상(phase)이 역위상이면 감쇄하고 동위상이면 합성하게 된다.

따라서 전자파는 동시성을 가지고 있으므로 일정한 시간이 지나면 소멸되는 시간적 소멸성을 가지며 동일 주파수의 전자파는 다른 장소에서 사용할 수 있는 공간적 한정성을 가지고 동일지역에서 동시에 사용하면 간섭을 야기시키는 이용의 배타성과 전파소유의 공공성의 특징을 지닌다.

[표 9-1] 주파수 대역

주파수대역	명 칭	파 장	비 고
3~30 [kHz] 30~300 [kHz]	VLF(very low frequency) LF(low frequency)	km파	장 파
300~3,000 [kHz]	MF(medium frequency)		중 파
3~30 [MHz]	HF(high frequency)		단 파
30~300 [MHz]	VHF(very high frequency)	m파	초단파
300~3,000 [MHz]	UHF(ultra high frequency)		극초단파
3~30 [GHz] 30~300 [GHz]	SHF(super high frequency) EHF(extremely high frequency)	cm파 mm파	마이크로파

4. 전자파의 전리층

지구를 둘러싸고 있는 상층대기는 자외선과 방사선의 에너지에 의하여 전리현상이 발생하는데 이와 같은 층에서 전자파가 반사되는 층을 전리층(ionospheric layer)이라고 한다.

전리층에는 지상으로부터 50~90 [km]에 형성된 D층이 있는데 주간에 태양에 의하여 층이 존재하다가 야간에는 재결합 또는 흡착현상에 의하여 소멸하는데 장파만 반사시킨다.

지상으로부터 약 100 [km] 지점에 E층이 형성되는데 이층에서도 재결합이 발생하지만 D층보다 적게 발생하므로 야간에도 존재하며 장파 및 중파는 반사시키지만 단파 이상은 투과

한다.

지상으로부터 약 200~400 [㎞]에는 F층이 형성되는데 F_1층은 약 200 [㎞] 지점에서 주간에 나타나고 F_2층은 주간에 약 250~400 [㎞] 지점에 형성되지만 야간에는 전자밀도가 적어서 두 층을 구별하지 않고 합쳐서 약 280 [㎞] 지점에 형성되며 단파를 반사시킨다.

따라서 초단파 이상의 전자파는 전리층을 투과하여 공간(space)으로 전파되며

전리층내의 전자의 불균형으로 전자밀도가 균일하지 못하여 전자파가 산란현상 (scattering effect)을 유발하게 되어 잔향(echo)의 원인이 된다.

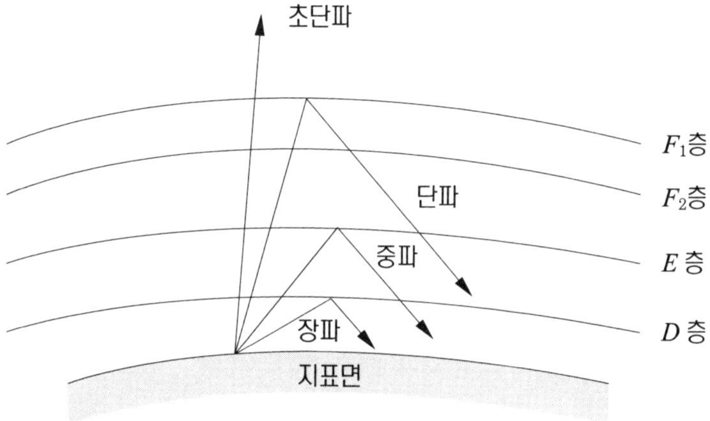

[그림 9-5] 전리층의 구성

Section 4. 포인팅 정리

전계만 존재하는 매질내의 단위 체적당 축적되는 에너지 밀도 W_e는

$$W_e = \frac{1}{2}\varepsilon E^2 \,[\mathrm{J/m^3}] \tag{9-18}$$

이며 자계만 존재하는 매질내의 단위 체적당 축적되는 에너지 밀도 W_h는

$$W_h = \frac{1}{2}\mu H^2 \,[\mathrm{J/m^3}] \tag{9-19}$$

이다.

따라서 전체 에너지 밀도 W_0는

$$W_0 = W_e + W_h = \frac{1}{2}\varepsilon E^2 + \frac{1}{2}\mu H^2 = \frac{1}{2}(\varepsilon E^2 + \mu H^2)\,[\mathrm{J/m^3}] \tag{9-20}$$

이며 전계 E와 자계 H 사이의 관계는 $\mathrm{H} = \sqrt{\varepsilon/\mu}\,E$ 이므로

$$W_0 = \frac{1}{2}\left(\varepsilon\sqrt{\frac{\mu}{\varepsilon}}EH + \mu\sqrt{\frac{\varepsilon}{\mu}}EH\right) = \sqrt{\varepsilon\mu}\,EH\,[\mathrm{J/m^3}] \tag{9-21}$$

이다.

이것을 평면 전자파의 에너지 밀도라고 하는데 여기서 전파속도 $v = 1/\sqrt{\varepsilon\mu}$ [m/s] 은 진행방향에 수직인 단면을 단위시간에 통과하므로 에너지의 흐름은

$$P = W_v = \sqrt{\varepsilon\mu}\, EH \times \frac{1}{\sqrt{\varepsilon\mu}} EH = EH \text{ [W/m}^2\text{]} \tag{9-22}$$

가 된다.

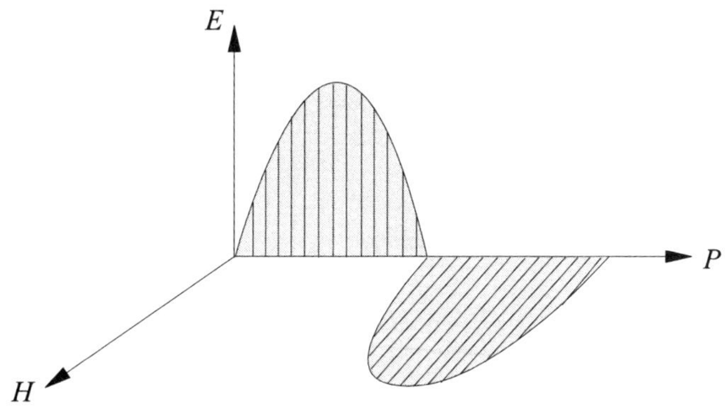

따라서 P의 방향은 전자파의 진행방향과 같으며 전자파내의 한 점을 단위시간에 통과하는 에너지 흐름의 면적밀도를 나타내는 관계를 포인팅의 정리(poynt-ing's theorem)라 하고 이때의 벡터 P를 포인팅 벡터(poynting vector)라 하며 이것을 1884년 영국의 물리리학자인 포인팅(John Henry Poynting)에 의하여 정리되었다.

여기서 매초당 임의의 면적 S를 통과하는 전자에너지(방사전력) P_e는

$$P_e = \int_S P \cdot ndS \text{ [W]} \tag{9-23}$$

가 된다.

Section 5. 전자파의 반사와 굴절

1. 경계면에 전자파가 수직으로 입사할 때

그림에서와 같이 입사파 E_1과 H_1, 투과파 E_2와 H_2, 반사파 E_3와 H_3라 하면

$$E_2 = E_1 + E_3$$
$$H_2 = H_1 - H_3 \qquad (9-24)$$

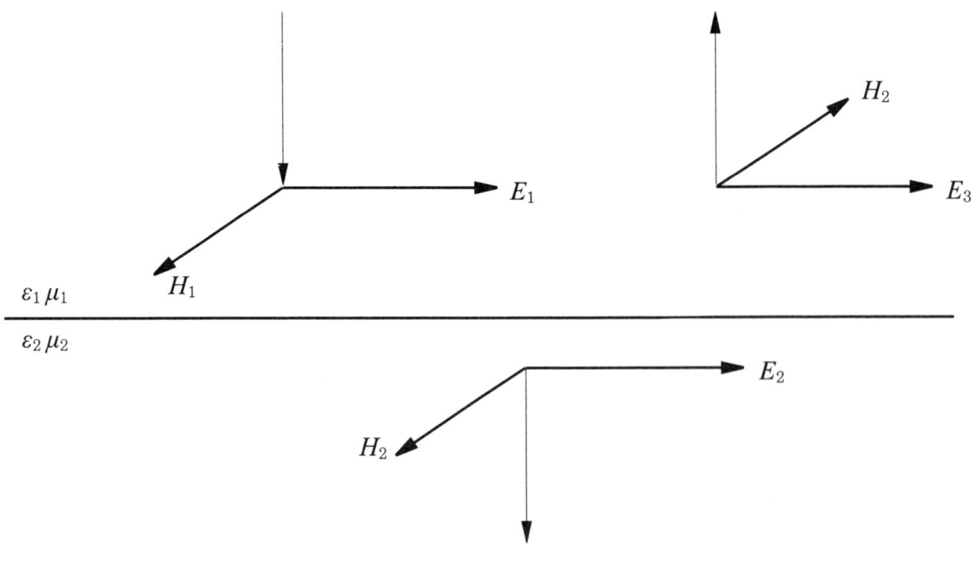

가 된다.

그리고 매질의 파동임피단스를 Z_1과 Z_2라 하면

$$Z_1 = \frac{E_1}{H_1} = \frac{E_3}{H_3} = \sqrt{\frac{\mu_1}{\varepsilon_1}}$$

$$Z_2 = \frac{E_2}{H_2} = \sqrt{\frac{\mu_2}{\varepsilon_2}} \tag{9-25}$$

가 된다.

여기서 전계 벡터의 투과파 E_2는

$$E_2 = \frac{2Z_2}{Z_1 + Z_2} \cdot E_1 = \frac{2\sqrt{\frac{\mu_2}{\varepsilon_2}}}{\sqrt{\frac{\mu_1}{\varepsilon_1}} + \sqrt{\frac{\mu_2}{\varepsilon_2}}} \cdot E_1 \tag{9-26}$$

이며 반사파 E_3는

$$E_3 = \frac{Z_1 - Z_2}{Z_1 + Z_2} \cdot E_1 = \frac{\sqrt{\frac{\mu_2}{\varepsilon_2}} - \sqrt{\frac{\mu_2}{\varepsilon_2}}}{\sqrt{\frac{\mu_1}{\varepsilon_1}} + \sqrt{\frac{\mu_2}{\varepsilon_2}}} \cdot E_1 \tag{9-27}$$

이다. 그리고 자계 벡터의 투과파 H_2는

$$H_2 = \frac{2Z_2}{Z_1 + Z_2} \cdot H_1 = \frac{2\sqrt{\frac{\mu_2}{\varepsilon_2}}}{\sqrt{\frac{\mu_1}{\varepsilon_1}} + \sqrt{\frac{\mu_2}{\varepsilon_2}}} \cdot H_1 \tag{9-28}$$

이며 반사파 H_3는

$$E_3 = \frac{Z_1 - Z_2}{Z_1 + Z_2} \cdot E_1 = \frac{\sqrt{\frac{\mu_2}{\varepsilon_2}} - \sqrt{\frac{\mu_2}{\varepsilon_2}}}{\sqrt{\frac{\mu_1}{\varepsilon_1}} + \sqrt{\frac{\mu_2}{\varepsilon_2}}} \cdot E_1 \tag{9-29}$$

가 된다.

2. 경계면에 전자파가 경사각 θ 으로 입사할 때

그림에서와 같이 굴절률이 상이한 2개의 매질 경계면에 전자파가 입사하면 하나는 입사파와 같은 매질로 반사하고 또 하나는 매질 2로 투과하여 굴절하게 되는데 이때 입사각(incident angle) θ_1과 반사각 (reflected angle) θ_2은 같다.

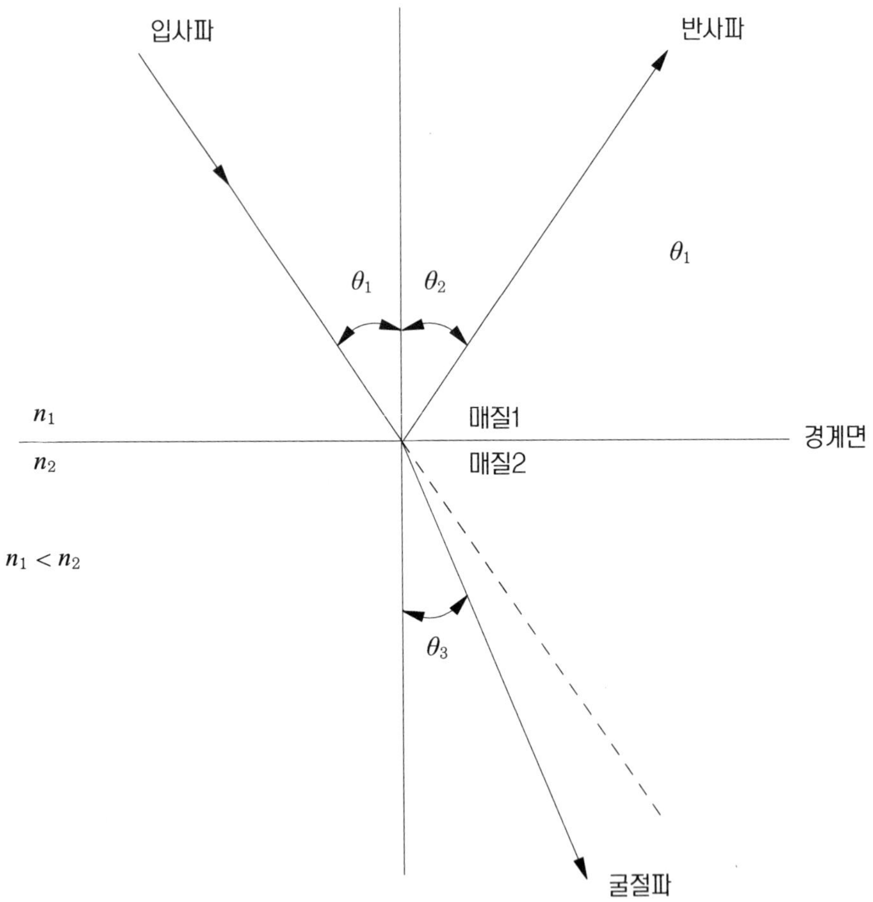

[그림 9-6] 반사와 굴절

매질 1과 매질 2의 굴절율(refractive index)을 각각 n_1과 n_2라 하고 $n_1 < n_2$ 이면 굴절각 θ_2는 θ_1보다 적게 되는데 이때의 관계를 스넬의 법칙(snell's law)이라고 하며

$$\frac{\sin\theta_1}{\sin\theta_2} = \frac{n_2}{n_1} \tag{9-30}$$

가 된다.

여기서 굴절률이란 굴절의 비율을 나타내는 척도로서 어떤 매질 중에도 전자파 속도의 비를 나타내는 것이다. 그러므로 n은

$$n = \frac{\text{공기 중에 전자파 속도}}{\text{어떤 매질 중에 전자파 속도}} \tag{9-31}$$

로 나타내는데 전자파 속도는 공기 중에서 빠르지만 공기 중에 비하여 물 속에서는 약 3/4 정도이며 유리에서는 약 2/3 정도로서 전자파의 전파속도는 매질에 따라 달라지게 된다.

Example 9-3 경계면에 전자파가 60˚로 입사하였을 때 입사면의 매질 1의 굴절률이 3이였고 굴절각이 45˚가 되었다면 이때 매질 2의 굴절률은 얼마인가?

Solution 9-3 solution 스넬의 법칙에 의하여

$$\frac{\sin\theta_1}{\sin\theta_2} = \frac{n_2}{n_1}$$

$$\therefore\ n_2 = n_1\frac{\sin\theta_1}{\sin\theta_2} = 3\frac{\frac{\pi}{3}}{\frac{\pi}{4}} = 3\frac{4\pi}{3\pi} = 4$$

Section 6. 도파관

도파관(wave guide)은 고주파 회로의 전송로로 사용되는데 속이 빈 직사각형 또는 원형으로 되어있으며 내면에는 도체저항이 적게 금이나 은으로 도금되어 있다.

도파관은 관내로 전자파가 전송되므로 저항손실이 적으며 유전체 손실도 적어서 전자파의 진행이 용이하다.

따라서 도파관은 고역 여파기의 역할을 하며 관내의 벽에 반사를 반복하면서 전파하므로 마이크로파(macro wave)와 같이 고주파수는 오히려 손실이 감소하게 된다.

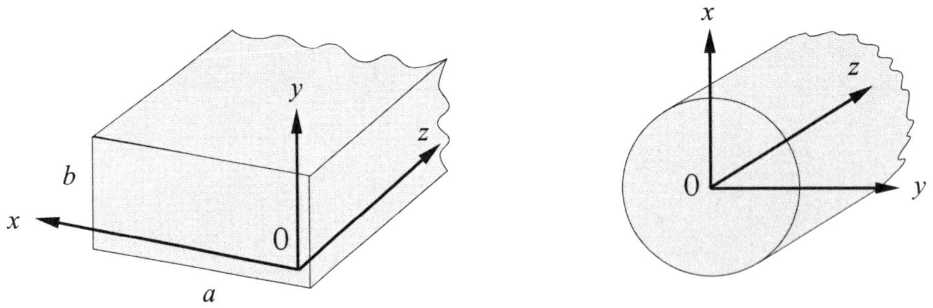

(a) 구형 도파관　　(b) 원형 도파관

여기서 동축 케이블은 주파수가 높아지면 선로 손실이 증가하여 전송손실을 가져와 초고주파 1 [GHz] 이상에서는 사용할 수가 없다.

그러나 외부도체의 내경이 1.7λ 이상이 된다면 내부도체가 없더라도 전자파는 용이하게 진행되고 오히려 주파수가 높아질수록 손실이 감소하게 되는데 이와 같은 내부도체를 제거한 것이 원형 도파관(circular waveguide)이며 다시 모양을 직사각형의 형태로 바꾼 것이 구형 도파관(rectangular waveguide)이고 그 외에 타원형 등이 있다.

자유공간을 전파하는 전자파는 전계(E)와 자계(H)에 직각방향으로 진행하는 전송모드(mode)가 발생하는데 여기서 TE 모드란 전계(E)만이 진행방향에 대하여 직각이고 자계(H)는 진행방향의 성분을 갖는 파(wave)로서 TE파를 H파라고도 하며 전기적인 횡파를 나타낸다. 그러나 TM 모드는 자계(H)만이 진행방향에 직각이고 전계(E)는 진행방향의 성분을 갖는 파로서 TM파를 E파라고도 하며 자기적인 횡파를 나타낸다

전송모드를 표시할 때에는 전계와 자계의 분포상태에 따라 TM_{10}과 TM_{11} 등으로 나타내는데 TM_{mn}형이나 TM_{mn}형에서는 도파관의 긴변의 전계분포가 반주기의 몇 배인가를 m에 붙이고 짧은 변의 전계분포는 n에 붙인다.

따라서 단면의 길이에 따라서 전송주파수의 한계가 정해지는데 이러한 주파수를 차단주파수(cutoff frequency)라 하고 차단주파수는 고주파수만 전파시키며 이때 차단주파수에 대한 파장을 차단피장(cutoff wavelength)이라고 한다.

여기서 구형 도파관의 긴 변을 a [m], 짧은 변을 b [m]라 할 때 도파관의 차단파장 λ_c는

$$\lambda_r = \frac{2\sqrt{\varepsilon_x \mu_x}}{\sqrt{(\frac{m}{a})^2 + (\frac{n}{b})^2}} \qquad (9-32)$$

이다.

그러나 원형 도파관의 차단파장 λ_c 는

$$\lambda_c = \frac{2\pi r}{\eta} \qquad (9-33)$$

이며 r는 원형 도파관의 반지름이고 η는 모드에 따라 정해지는 상수이다.

Section 7. 케이블 및 왕복 선로의 특성 임피던스

급전선은 일반적으로 평행 왕복 케이블, 고주파 동축케이블, M/W band에서는 도파관을 사용하며, 이것은 그라운드(ground)에 대하여 평형 또는 불평형이 된다.

1. 평행 왕복 선로의 특성 임피던스

지표면에서 어느 높이 이상에 2개의 도선을 평행으로 가설하여 급전선으로 사용할 때 이 평형한 2개의 도선을 평행 왕복선로라고 한다. TV수신용 단파대의 간단한 급전선의 용도로 많이 사용하며, 특성임피던스는 200~600 [Ω]이다. 이 급전선은 외부로부터 유도방해를 받을 수 있으며 송신용으로 사용할 경우 전파의 손실이 크다.

$$Z_0 = \sqrt{\frac{L}{C}} = \frac{1}{\pi}\sqrt{\frac{\mu}{\varepsilon}}\, ln\frac{d}{a} = 120\sqrt{\frac{\mu_r}{\varepsilon_r}}\, ln\frac{d}{a} = 276\sqrt{\frac{\mu_r}{\varepsilon_r}}\log\frac{d}{a}\ [\Omega]$$

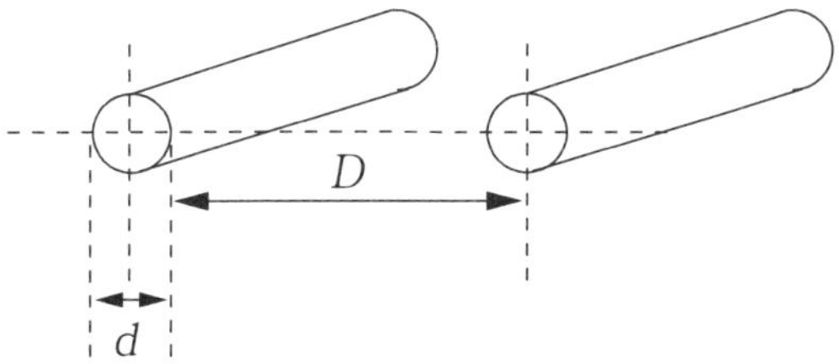

$$Z_o = 276\log_{10}\frac{2D}{d}\,[\Omega]$$

D : 도체간의 거리
d : 도체의 직경

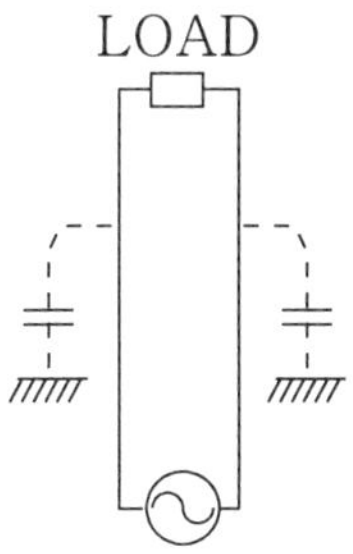

(a) 평행 2선식 케이블 형태

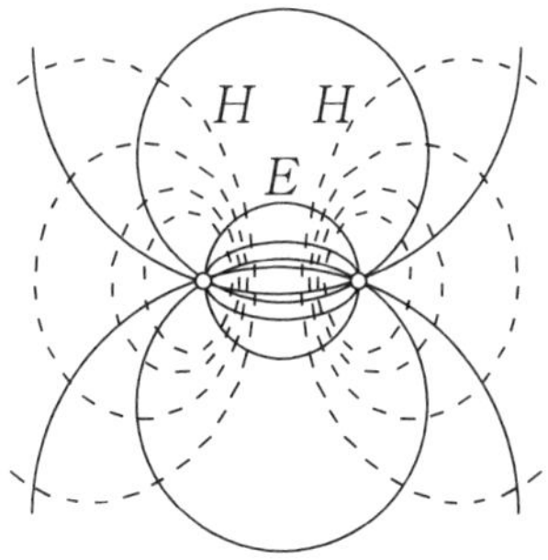

(b) 평행 2선식 케이블 부위 전자장

2. 동축 케이블의 특성 임피던스

동축케이블은 통상 마이크로파 및 마이크로파보다 낮은 주파수대에서 사용된다. 즉, VHF/UHF대의 급전선에 많이 사용된다. 동축케이블에서 외부 도체는 두 도체 사이의 공간에 전파를 가두는 차폐물을 형성하여 케이블로부터의 복사를 막을 수 있다. 그러나 외부 도체와 ground 간의 정전용량 때문에 케이블은 기본적으로 불평형이 된다.

동축케이블은 유연성에 따라 rigid, semirigid, flexible 케이블로 분류하기도 하며, 특성 임피던스에 따라 25, 50, 75, 300Ω 등으로 분류하기도 한다. 고주파 급전용으로는 50Ω의 케이블을 많이 사용한다. 동축케이블의 임피던스(Zo)는 도체내의 직경과 내부 유전체의 비유전율에 따라 결정된다.

$$Z_0 = \sqrt{\frac{L}{C}} = \frac{1}{2\pi}\sqrt{\frac{\mu}{\varepsilon}}\, ln\frac{b}{a}\ \left(C = \frac{2\pi\varepsilon}{b},\ \ \mathrm{L} = \frac{\mu}{2\pi}\, ln\frac{b}{a} \right)$$

$$= \frac{1}{2\pi}\sqrt{\frac{\mu_0}{\varepsilon_0}}\ \ln\frac{b}{a} = 138\sqrt{\frac{\mu_r}{\varepsilon_r}}\ \log\frac{b}{a}\ [\Omega]$$

동축케이블의 특성을 살펴보면 아래와 같다.

① 길이에 비해서 전송 손실이 커진다.

② 주파수의 $\sqrt{f}$에 비례해서 전송손실이 커진다.

③ 같은 임피던스에서 외경이 클수록 전송 손실이 적어진다.

④ 평행 왕복선로보다 차폐효과가 크다.

⑤ 비유전율 ε_r = 2.26인 폴리에틸렌을 가장 많이 사용한다.

⑥ 외부 도체를 접지하여 사용하므로 외부로부터 유도방해가 없고, 송신용으로 사용할 경우 전파복사가 거의 없다.

동축케이블의 형태를 살펴보면 아래 그림과 같다.

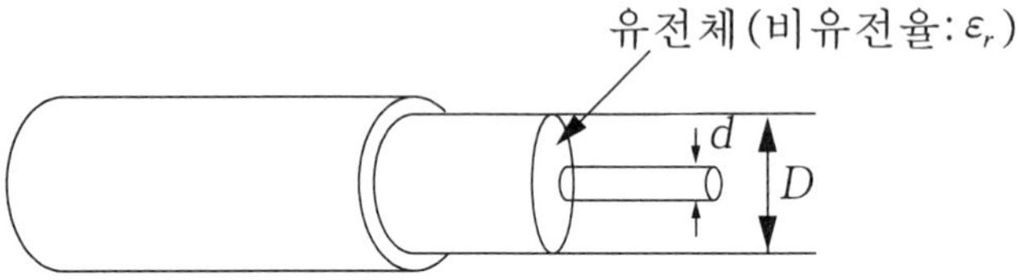

$$Z_O = \frac{138}{\sqrt{\varepsilon_r}} \log_{10} \frac{D}{d} \, [\Omega]$$

D : 외부도체의 직경
d : 도내부체의 직경
ε_r : 비유전율

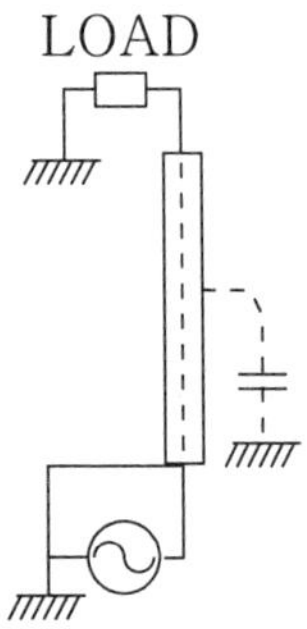

(a) 동축케이블 형태

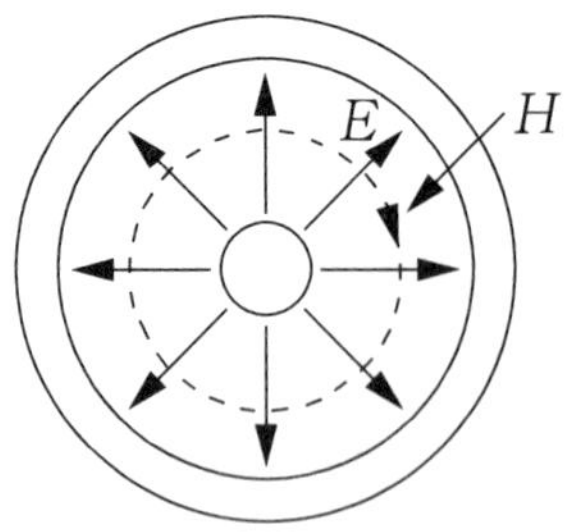

(b) 동축케이블 부위 전자장

Part 10.
연습문제

Section 1. 벡터

1. 연습문제

벡터 $\boldsymbol{A} = i - j + 3k$, $\boldsymbol{B} = i + ak$ 일 때, 벡터 $\boldsymbol{A}$와 벡터 $\boldsymbol{B}$가 수직이 되기 위한 a의 값은 얼마인가? (단, i, j, k 는 x, y, z 방향의 기본벡터이다.)

가. −1/3　　나. 0　　다. −1　　라. 1

Solution

벡터 $\boldsymbol{A}$와 $\boldsymbol{B}$가 수직이 되기 위한 조건은 $\boldsymbol{A} \cdot \boldsymbol{B} = AB\cos 90^\circ = 0$ 이다.

$$\boldsymbol{A} \cdot \boldsymbol{B} = (i-j+3k)(i+ak) = 1 + 3a = 0$$

$$\therefore a = -\frac{1}{3}$$

정답 : 가

2. 연습문제

전계 $\boldsymbol{E} = i + 3x^2 + 2xy^2 + kx^2yz$의 div$\boldsymbol{E}$ 는 얼마일까?

가. $-(3x+6xy+x^2y)$　　나. $6x+4xy+x^2y$

다. $i6x+j6xy+k6x^2y$　　라. $-i6x+j3xy+2x^2y$

Solution

$$\text{div}\boldsymbol{E} = \nabla \cdot \boldsymbol{E} = \left(i\frac{\partial}{\partial x} + j\frac{\partial}{\partial y} + k\frac{\partial}{\partial z} \right) \cdot (i3k^2 + j2xy^2 + kx^2 \cdot yz)$$

$$= \frac{\partial}{\partial x}(3x^2) + \frac{\partial}{\partial y}(2xy^2) + \frac{\partial}{\partial z}(x^2yz) = 6x + 4xy + x^2y$$

정답 : 나

3. 연습문제

어떤 물체에 $F_1 = -3i + 4j - 5k$와 $F_2 = 6i + 3j - 2k$의 힘이 작용하고 있다. 이때 이 물체에 F의 힘을 가했다면, 세 힘이 평형이 되기 위한 F_3은 얼마인가?

가. $F_3 = 3i-2j+3k$ 나. $F_3 = 2i-6j+7k$

다. $F_3 = -3i-7j+7k$ 라. $F_3 = 6i-3j+5k$

Solution

세 힘이 평형이 되기 위한 조건은 $F_1 + F_2 + F_3 = 0$이다.

$F_3 = -(F_1+F_2) = -\{(-3i+4j-5k)+(6i+3j-2k)\} = -3i-7j+7k$

정답: 다

4. 연습문제

다음 중 옳지 않은 것은?

가. $i \cdot i = j \cdot j = k \cdot k = 0$ 나. $i \cdot j = j \cdot k = k \cdot i = 0$

다. $A \cdot B = AB\cos\theta$ 라. $i \times i = j \times j = k \times k$

Solution

$i \cdot i = |i|\,|i|\cos 0^\circ = 1 \times 1 \times \cos 0^\circ = 1$

$i \cdot j = |i|\,|j|\cos 90^\circ = 1 \times 1 \times \cos 90^\circ = 0$

$$i \times i = |i|\,|i| \sin 0^\circ = 1 \times 1 \times \sin 0^\circ = 1$$

$$i \cdot i = j \cdot j = k \cdot k = 1 \qquad i \cdot j = j \cdot k = k \cdot i = 0$$

$$i \times i = j \times j = k \times k = 0 \quad j \times j = k, \qquad j \times k = i, \qquad k \times i = j$$

정답 : 가

5. 연습문제

벡터 $\boldsymbol{A} \cdot \boldsymbol{B}$ 값이 $\boldsymbol{A} = 2i+j+k$, $\boldsymbol{B} = -i+j+k$일 때, $\boldsymbol{A}$, $\boldsymbol{B}$는 얼마인가?

가. 0.5　　나. 1　　다. 1.5　　라. 0

Solution

$$\boldsymbol{A} \cdot \boldsymbol{B} = (2i+j+k) \cdot (-i+j+k) = 2i(-i)+j \cdot j+k \cdot k = -2+1+1 = 0$$

정답 : 라

Section 2. 진공 중의 정전계

1. 연습문제

C [m/s]의 광속에서 진공 중의 유전율 [F/m]은 얼마인가?

가. $\dfrac{10^{-5}}{2C^2}$ 나. $\dfrac{4\pi c}{2\times 10^6}$

다. $\dfrac{10^7}{4\pi c^2}$ 라. $\dfrac{3\pi\times 10^{-7}}{4c^2}$

Solution

$$\frac{1}{4\pi\varepsilon_0} = 9\times 10^9 \text{ 에서}$$

$$\varepsilon_0 = \frac{1}{4\pi\times 9\times 10^9} = \frac{1}{120\pi c^2} = \frac{10^7}{4\pi c^2} = \frac{1}{\mu_0 C^2} = 8.855\times 10^{-12}\ [\text{F/m}]$$

정답 : 다

2. 연습문제

전기력선의 성질에 대한 설명이다. 옳지 않은 것은?

가. 전기력선은 도체 내부에 존재한다.

나. 전기력선은 등전위면과 수직이다.

라. 전하가 없는 곳에서 전기력선은 발생, 소멸이 없다.

라. 전기력선은 그 자신만으로 폐곡선이 되는 일이 없다.

Solution

전기력선은 도체 내부에 존재하지 않는다.

정답 : 가

3. 연습문제

무한히 넓은 2개의 평행판의 도체 간격이 d [m]이다. 그 전위차는 V [V]일 때, 도체 판의 단위 면적에 작용하는 힘 [N/㎡]은 얼마인가? (단, 유전율은 ε_0 이다.)

가. $\frac{1}{2}\varepsilon_0\frac{V}{d}$　　나. $2\varepsilon_0(\frac{V}{d})^2$　　다. $\frac{\varepsilon_0}{2d}V$　　라. $\frac{1}{2}\varepsilon_0(\frac{V}{d})^2$

Solution

$$F = \frac{\sigma^2}{2\varepsilon_0} = \frac{1}{2}\cdot\varepsilon_0 E^2 = \frac{1}{2}\varepsilon_0(\frac{V}{d})^2 \text{ [N/m}^2\text{]}$$

정답 : 라

4. 연습문제

폐곡면을 통하는 전속과 폐곡면 내부의 전하와의 상관관계를 나타내는 법칙은 어느 것인가?

가. 쿨롱의 법칙　　나. 가우스 법칙

다. 라플라스 법칙　　라. 푸아송 법칙

정답 : 나

5. 연습문제

전기 쌍극자에 의한 등전위면을 구좌표로 표현한다면? (단, k는 상수임)

가. $r^2 = \sqrt{k\sin\theta}$　　　나. $r^2 = \sqrt{k\sin\theta}$

다. $r^2 = k\cos\theta$　　　라. $r^2 = k\sqrt{\cos\theta}$

Solution

전위 $V = \dfrac{M\cos\theta}{4\pi\varepsilon_0 r^2}$ [V] 전기 쌍극자에 의한 전위 $V = \dfrac{M\cos\theta}{4\pi\varepsilon_0 r^2}$ [V]에서 등위전위면이므로 전위 [V]는 일정하다.

$r^2 = \dfrac{M\cos\theta}{4\pi\varepsilon_0 r} = K\cos\theta \; (\because K = \dfrac{M}{4\pi\varepsilon_0 V})$

정답: 다

Section 3. 도체계와 정전 용량

1. 연습문제

1(μF)의 정전용량을 가진 구의 반지름 (km)은 얼마인가?

가. 9×10^{-6}　　나. 9　　다. 9×10^{3}　　라. 9×10^{-3}

Solution

$$C = 4\pi\varepsilon_0 a \text{ [F]}$$

$$\therefore a = \frac{c}{4\pi\varepsilon_0} = 9\times10^{9}\cdot C = 9\times10^{9}\times1\times10^{-6} = 9\times10^{3}$$

정답 : 나

2. 연습문제

Q_1으로 대전된 용량 C_1의 콘덴서에 용량 C_2를 병렬로 연결했다면, C_2가 분배 받는 전기량 [C]는 얼마인가? (단, V_1은 콘덴서 C_1의 Q_1으로 충전되었을 때의 C_1양단 전압이다.)

가. $Q_2 = \frac{c_1c_2}{c_1+c_2}V_1$　　나. $Q_2 = \frac{c_1+c_2}{c_1}V_1$

다. $Q_2 = \frac{c_1}{2c_1+c_2}V_1$　　라. $Q_2 = \frac{c_1+c_2}{2c_2}V_1$

Solution

병렬 연결 후의 전위차 $V' = \dfrac{Q_1}{c_1 + c_2}$ [V] C_2가 분배받는 전기량

$Q = C_2V' = \dfrac{c_2}{c_1+c_2}$ [C] $\qquad Q_1 = \dfrac{c_1+c_2}{c_1+c_2}V'$ [C]

정답 : 가

3. 연습문제

1변이 50 [cm]인 정사각형 전극을 가진 평행판 콘덴서가 있다. 이 극판 간격을 5 [m/m]로 할 때 정전용량은? (단, $\varepsilon_0 = 8.855\times10^{-12}$ [F/m]이고, 단말 효과를 무시한다.)

가. 50(PF) 나. 425(μF) 다. 443(PF) 라. 520(μF)

정답 : 다

4. 연습문제

유전율이 ε [F/m]인 유전체 내에서 반지름 r인 도체구의 전위가 V [V]일 때, 이 도체구가 가지는 에너지 [J]는?

가. $2\pi\varepsilon rV$ 나. $4\pi\varepsilon rV$ 다. $4\pi\varepsilon rV^2$ 라. $2\pi\varepsilon rV^2$

Solution

반지름이 r [m]인 고립 도체구의 정전용량 $C = 4\pi\varepsilon r$ [F]

$\therefore W = \dfrac{1}{2}CV^2 = \dfrac{1}{2}(4\pi\varepsilon r)V^2 = 2\pi\varepsilon rV^2$ [J]

정답 : 라

5. 연습문제

평행판 콘덴서에 50 [V]의 전압이 걸려있다. 이 전압을 제거한 후 평행판 간격을 처음의 2배로 증가시키면?

가. 용량은 1/2배로, 저장되는 에너지는 2배가 된다.

나. 용량은 1배로, 저장되는 에너지는 1/2배가 된다.

다. 용량은 1/4배로, 저장되는 에너지는 4배가 된다.

라. 용량은 4배로, 저장되는 에너지는 1/4배가 된다.

Solution

처음의 간격을 d, 정전용량을 C_1이라고 하고 간격을 2배로 했을 때의 정전용량

$C = \frac{\varepsilon_0}{2d_1} S = \frac{1}{2} C_1$ [F] 전원을 제거하면 Q가 일정하므로

$W = \frac{Q^2}{2C}$ [J] α $\frac{1}{C}$ 에서 C가 1/2배가 되면 W는 2배가 된다.

정답 : 가

Section 4. 유전체

1. 연습문제

공기중에서 어느 거리를 두고 있는 두 점전하 사이에 작용하는 힘이 2(N)이다. 이 두 점전하를 액체 유전체 속에 넣었더니 0.4 [N]으로 힘이 줄었다. 이 액체의 유전체 비율전율 (ε_r)은 얼마 일까?

가. 1　　나. 2.5　　다. 5　　라. 10

Solution

$$\frac{F_0}{F} = \varepsilon_r z \qquad \therefore \ \varepsilon_r = \frac{F_0}{F} = \frac{2}{0.4} = 5$$

정답 : 다

2. 연습문제

평등 전계 내에 수직으로 비유전율 ε_r = 4인 유전체판을 놓았을 경우, 판내의 전속밀도가 $\boldsymbol{D} = 8\times10^{-6}$ [C/㎡]이다. 이때 유전체 내의 분극의 세기 P [C/㎡]은 얼마인가?

가. 1×10^{-6}　　나. 6×10^{-6}

다. 10×10^{-6}　　라. 12×10^{-6}

Solution

$$P = D - \varepsilon_0 E = D\left(1 - \frac{1}{\varepsilon_r}\right) = 8\times10^{-6}\times\left(1 - \frac{1}{4}\right) = 6\times10^{-6}\ [\mathrm{C/m^2}]$$

정답 : 나

3. 연습문제

공기 중에서 비유전율 $\varepsilon_r = \sqrt{3}$ 인 유전체에 $E_1 = 10$ [kv/m]의 전계가 45° 의 각도로 입사했다. 이때 유전체 속의 전계세기 [V/m]은?

가. $\frac{\sqrt{2}}{\sqrt{3}}\times10^4$

나. $\sqrt{2}\times10^4$

다. $\frac{\sqrt{3}}{\sqrt{2}}\times10^4$

라. $\frac{1}{\sqrt{3}}\times10^4$

Solution

$$\frac{\tan\theta_1}{\tan\theta_2} = \frac{\varepsilon_1}{\varepsilon_2} = \frac{\varepsilon_0}{\varepsilon_0\varepsilon_r} = \frac{1}{\sqrt{3}}$$

$$\tan\theta_2 = \sqrt{3}\tan\theta_1$$

$$\therefore\ \theta_2 = \tan^{-1}(\sqrt{3}\tan\theta_1) = \tan^{-1}(\sqrt{3}\tan45^\circ) = \tan^{-1}(\sqrt{3}\times1) = 60^\circ$$

$$E_1\sin\theta_1 = E_2\sin\theta_2$$

$$E_2 = \frac{\sin\theta_1}{\sin\theta_2}E_1 = \frac{\sin45^\circ}{\sin60^\circ}\times10\times10^3 = \frac{\sqrt{2}}{\sqrt{3}}\times10^4\ [\mathrm{V/m}]$$

정답 : 가

4. 연습문제

전극판 면적 50 [㎠], 간격 0.1 [㎝]인 평행판 콘덴서에 ε_r = 4인 폴리에틸렌 수지를 가득 채웠다. 이때 전극판 사이에 50 [V]를 인가하면 극간 흡인력은 [N]은?

가. 2.5×10^{-6}　　나. 2.1×10^{-2}

다. 2.8×10^{-4}　　라. 4.2×10^{-6}

Solution

$$F = \frac{1}{2}\varepsilon\left(\frac{V}{d}\right)^2 S = \frac{1}{2}\varepsilon_0\varepsilon_r\left(\frac{V}{d}\right)^2 S$$

$$= \frac{1}{2}\times8.855\times10^{-12}\times4\times\left(\frac{50}{0.1\times10^{-2}}\right)^2\times50\times10^{-4} = 2.21\times10^{-2}$$

정답 : 나

5. 연습문제

전속수가 Q개 일 때, 패러데이관 수는 몇 개일까? (단, D는 전속밀도이다.)

가. D/Q　　나. Q/D　　다. Q　　라. DQ

Solution

페러데이관의 밀도는 전속밀도와 같다. 즉 전속수와 페러데이관 수는 같다.

정답 : 다

6. 연습문제

무한 평면도체로부터 거리 a [m]인 곳에 점전하 Q [c]이 있다. 이때 무한 평면도체 표면에 유도되는 면밀도가 최대인 점의 전하밀도는 몇 [C/㎡]인가?

가. 0　　나. $\frac{-2Q}{\pi a^2}$　　다. $\frac{Q^2}{4\pi a}$　　라. $\frac{Q}{2\pi a^2}$

Solution

무한 평면도체면 상의 점 $(o,\ y)$의 전계의 세기

$$E = \frac{Qa}{2\pi\varepsilon_0(a^2+y^2)^{\frac{3}{2}}}\ [\mathrm{V/m}]$$

도체 표면상의 면전하 밀도

$$\sigma = D = \varepsilon_0 E = \frac{Qa}{2\pi(a^2+y^2)^{\frac{3}{2}}}\ [\mathrm{C/m^2}]$$

최대 면밀도는 $y = 0$인 점이므로

$$\sigma_{\max} = \frac{Q}{2\pi a^2}\ [\mathrm{C/m^2}]$$

정답 : 라

7. 연습문제

전류(+) I 와 전하 (+) Q 가 무한히 긴 직선상의 도체에 각각 주어졌고 이들 도체는 진공 속에서 각각 투자율과 유전율이 무한대인 물질로 된 무한평면과 평행으로 놓여있다. 이런 경우, 영상법에 의한 영상 전류와 영상 전하는 어떻게 될까? (단, 전류는 직류이다.)

가. $-I,\ +Q$　　나. $-I,\ -Q$　　다. $+I,\ -Q$　　라. $+I,\ +Q$

정답 : 나

8. 연습문제

평면 도체 표면에서 r [m] 인 거리에 점전하 Q [C]이 있다. 이때 이 전하를 무한원까지 운반하는데 소요되는 일 [J]을 구하시오

가. $\dfrac{Q^2}{2\pi\varepsilon_0 r}$　　나. $\dfrac{Q^2}{4\pi\varepsilon_0 r}$　　다. $\dfrac{Q^2}{8\pi\varepsilon_0 r}$　　라. $\dfrac{Q^2}{16\pi\varepsilon_0 r}$

Solution

점전하 Q(C)와 무한평면 도체 간에 작용하는 힘

$$F = \frac{-Q^2}{4\pi\varepsilon_0(2r)^2} = \frac{-Q^2}{16\pi\varepsilon_0 r^2}\ [N]\ (흡인력)$$

$$일\ W = \int_r^\infty F dr = \frac{Q^2}{16\pi\varepsilon_0 r^2}\int_r^\infty \frac{1}{r^2}\,dr = \frac{Q^2}{16\pi\varepsilon_0}\left[\frac{1}{-r}\right]_r^\infty = \frac{Q^2}{16\pi\varepsilon_0 r}\ [J]$$

정답 : 라

9. 연습문제

대지면에 높이 h [m]로 평행 가설된 매우 긴 선전하가 지면으로부터 단위 길이당 받는 힘 [N/m]은? (단, 선전하 밀도는 ρ_L [C/m]라 한다.)

가. $-9\times10^9\cdot\frac{\rho_L}{h}$

나. $-9\times10^9\cdot\frac{\rho_L^2}{h}$

다. $-18\times10^9\cdot\frac{\rho_L^2}{h}$

라. $-18\times10^9\cdot\frac{\rho_L}{h}$

Solution

$$힘\ F = \rho_L E = -\rho_L\cdot\frac{\rho_L}{2\pi\varepsilon_0(2h)} = \frac{\rho_L^2}{4\pi\varepsilon_0 h} = -9\times10^9\cdot\frac{\rho_L^2}{h}\ [N/m]$$

정답 : 가

10. 연습문제

E [V/m]인 평등전계의 절연율(비유전율 ε_r) 중에 있는 구형 기포 중의 전계세기는 몇 [V/m]인가?

가. $\frac{2\varepsilon_r}{2\varepsilon_r+1}E$

나. $\frac{3\varepsilon_r}{2\varepsilon_r+1}E$

다. $\dfrac{2\varepsilon_r}{\varepsilon_r + 1}E$ 라. $\dfrac{3\varepsilon_r}{\varepsilon_r + 1}E$

Solution

기포 중의 전계 세기

$$E' = \frac{3\varepsilon_1}{2\varepsilon_1 + \varepsilon_0} = \frac{3\varepsilon_1\varepsilon_r}{2\varepsilon_1\varepsilon_r + \varepsilon_0} + \frac{3\varepsilon_r}{2\varepsilon_r + 1}\,[\mathrm{V/m}]$$

정답 : 나

Section 5. 전류

1. 연습문제

단면적이 10 [㎠]인 도체구가 있다. 이 단면적을 5 [S] 동안에 50 [C]의 전하가 이동했다. 이때 흐르는 전류는 몇 [A]일까?

가. 10　　나. 30　　다. 40　　라. 45

Solution

$$전류\ I = \frac{dQ}{dt}\ [A] \qquad \therefore\ I = \frac{Q}{t} = \frac{50}{5} = 10\ [A]$$

정답 : 가

2. 연습문제

길이가 1 [㎞]이고 반지름이 1.6 [㎜]인 경동선의 상온에서의 저항 값을 대략 몇 [Ω]인가?

가. 1.5　　나. 2.26　　다. 4.44　　라. 7.26

Solution

$$\rho = \frac{1}{55}\ [\Omega \cdot ㎟/m] = \frac{1}{55} \times 10^{-6}\ [\Omega \cdot m]\ 이므로$$

$$R = \rho\frac{l}{s} = \rho\frac{l}{\pi(\frac{d}{2})^2} = \frac{1}{55}\times 10^{-6}\times\frac{1000}{\pi(\frac{3.2}{2}\times 10^{-3})} = 2.26\ [\Omega]$$

정답 : 나

3. 연습문제

대기중의 두 전극 사이에 있는 어떤 점의 전계의 세기가 E = 7.0 [V/cm], 지면의 도전율이 $k = 10^{-4}$ [Ω/m] 일 때, 이 점의 전류밀도 [A/㎡]는?

가. 2.5×10^{-4} 나. 5.0×10^{-6}

다. 7.0×10^{-6} 라. 10×10^{-6}

Solution

$$i = kE = 10^{-4}\times 7.0\times 10^{-2} = 7.0\times 10^{-6}\ [\text{A/m}^2]$$

정답 : 다

4. 연습문제

전류가 흐르는 도체의 직각 방향으로 자계를 가했다. 이때 도체측면에 정.부의 전하가 생기는 현상을 무엇이라고 할까?

가. peltier effect 나. Seebeck effect

다. Hall effect 라. Thomson effect

정답 : 다

5. 연습문제

내부 저항 r, 기전력 E인 전지를 N개 사용하여 그 중 n개를 직렬 연결하였다. 그것을 m열 병렬로 접속하여 부하저항 R에 급전하였을 때, 이때 R 소비 전력을 최대로 하기 위한 부하 저항 값 R [Ω]은?

가. Nr　　나. $\frac{n}{m}r$　　다. $\frac{r}{N}$　　라. $\frac{m}{n}r$

Solution

부하에 최대 전력을 공급하기 위한 조건은 합성전지 내부 저항값과 외부 저항 값이 같을 때 이다.

$\therefore R = \frac{n}{m} \mathrm{r}\ [\Omega]$

정답 : 나

Section 6. 자성체

1. 연습문제

1 [Wb]는 몇 맥스웰인가?

가. 4π　　나. 10^8　　다. $4\pi^2$　　라. 4×10^8

Solution

$1\ [Wb] = 10^8\ (maxwell)$
$1\ [Wb/m^2] = 1\ (tesla) = 10^4\ (gauss)$

정답 : 나

2. 연습문제

자극의 크기 $m = 2$ [Wb] 인 점자극으로부터 $r = 2$ [m] 떨어진 점의 자계의 세기 [AT/m]는?

가. 1×10^4　　나. 1.5×10^5

다. 3.1×10^4　　라. 3.8×10^6

Solution

자계의 세기 $|H|$ = 단위 점자극 +1 [Wb]에 작용하는 힘이므로, 쿨롱의 법칙에 의하여

$$|H| = \frac{F}{m} = \frac{m}{4\pi\varepsilon_0 r^2} = 6.33\times 10^4 \times \frac{2}{2^2} = 3.165\times 10^4 \fallingdotseq 3.1\times 10^4 \text{ [AT/m]}$$

정답 : 다

3. 연습문제

8 [m]길이의 도선으로 만들어진 정방향 코일에 π [A]가 흐르고 있다. 이때 중심에서의 자계의 세기 [AT/m]는?

가. $\sqrt{2}$　　나. $2\sqrt{2}$　　다. $\sqrt{8}$　　라. $3\sqrt{2}$

Solution

8 [m]길이의 도선으로 정사각형을 만들면 한변의 길이는 2[m]이다.

$$H_0 = 4\times\frac{I}{\sqrt{2}\,\pi l} = \frac{2\sqrt{2}\cdot I}{\pi l} = \frac{2\sqrt{2}\times\pi}{\pi\times 2} = \sqrt{2} \text{ [AT/m]}$$

정답 : 가

4. 연습문제

비투자율 μ_r은 역자성체에서 다음 어느 값을 갖게 될까?

가. $\mu_r = 1$　　나. $\mu_r < 1$　　다. $\mu_r > 1$　　라. $\mu_r = 0$

Solution

비투자율 $\mu_r = \frac{\mu}{\mu_0} = 1 + \frac{Xm}{\mu_0}$ 에서

$\mu_r > 1$, 즉 $Xm > 0$ 이므로 상자성체

$\mu_r < 1$, 즉 $Xm < 0$이므로 역자성체

정답 : 나

5. 연습문제

진공중에서 e [c]의 전하가 B [Wb/m²]의 자계 안에서 자계와 수직 방향으로 v [m/s]속도로 움직일 때, 받는 힘 [N]은?

가. $\frac{evB}{\mu_0}$　　나. $\mu_0 evB$　　다. $\frac{eB}{v}$　　라. evB

Solution

$$F = qvB\sin\theta \text{ 에서 } (\theta = 90^\circ \text{ 이므로})$$
$$= qvB = evB \text{ [N]}$$

정답 : 라

6. 연습문제

자계의 세기가 400 [AT/m]이고, 자속 밀도가 0.4 [Wb/m²]인 재질의 투자율은 몇 [H/m] 일까?

가. 1×10^{-3}　　나. 2.0×10^{-4}

다. 3.2×10^{-2}　　라. 4.2×10^{-3}

Solution

$$B = \mu H \text{ [Wb/m}^2\text{]}$$

$$\therefore \mu = \frac{B}{|H|} = \frac{0.4}{400} = 1\times10^{-3} \text{ [H/m]}$$

정답 : 가

7. 연습문제

비 투자율이 4,000인 철심을 자화하여 자속밀도가 0.1 [Wb/m²]로 되었을 때, 철심의 단위 체적에 저축된 에너지 [J/m³]는?

가. 0.25　　나. 0.5　　다.1　　라. 2

Solution

$$W_m = \frac{B^2}{2\mu} = \frac{B^2}{2\mu_0\mu_r} = \frac{(0.1)^2}{2\times4\pi\times10^{-7}\times4.000} = 1\ [\mathrm{J/m^3}]$$

정답 : 다

8. 연습문제

코일로 감겨진 자기회로에서 철심을 투자율을 μ 라 하고, 회로의 길이를 l 이라고 하면, 그 회로의 일부에 미소공극 lg을 만들면 회로의 자기 저항은 처음의 몇배가 될까? (단, $l \gg lg$ 이다)

가. $1+\frac{\mu l}{\mu_0 lg}$ 나. $1+\frac{\mu_0 lg}{\mu l}$ 다. $1+\frac{\mu_0 l}{\mu lg}$ 라. $1+\frac{\mu lg}{\mu_0 l}$

Solution

공극이 없을 때의 자기 저항 $\mathrm{R} = \frac{l}{\mu S}\ [\Omega]$, 미소공극 lg 가 있을 때의 자기 저항

$$R' = \frac{lg}{\mu_0 S} + \frac{l}{\mu S}\ [\Omega]$$

$$\therefore \frac{R'}{\mathrm{R}} = 1+\frac{lg / \mu_0 S}{l / \mu S} = 1+\frac{\mu lg}{\mu_0 l} = 1+\mu_0\frac{lg}{l}$$

정답 : 라

9. 연습문제

자기회로와 전기회로의 대응 관계를 표시하였다. 잘못 연결된 것은?

가. 자계-전계 나. 자속-전속

다. 투자율-도전율 라. 기자력-기전력

Solution

자기회로와 전기회로의 대응 관계 전류-자속, 도전율-투자율, 기전력-기자력, 전기저항-자기저항

정답 : 나

10. 연습문제

비투자율 μ_r =400인 환상 철심내의 평균자계세기가 H = 300 [AT/m]이다. 이때 철심중의 자화세기 J [Wb/m²]는?

가. 0.15　　나. 1.5　　다. 6.75　　라. 17.5

Solution

$$J = Xm|H| = \mu_0(\mu_r - 1)\text{H} = 4\pi \times 10^{-7} \times (400^{-1}) \times 300 = 1.5 \text{ [Wb/m}^2\text{]}$$

정답 : 나

Section 7. 자성체

1. 연습문제

1권선의 코일에 5 [Wb]의 자속이 쇄교하고 있다. 이때 t = 1 [ms]사이에 이 자속을 0으로 했다면, 코일에 유도되는 기전력은 몇 [V]일까?

가. 1000　　나. 2000　　다. 5000　　라. 10000

Solution

$$e = -N\frac{d\Phi}{dt} = -1\times\frac{0-5}{10^{-3}} = 5{,}000\ [\mathrm{V}]$$

정답 : 다

2. 연습문제

자계중에 놓여있는 코일에 전류 I = 10 [A], F = 10 [N]의 힘이 작용한다. 또 이 코일을 v = 10 [m/s]로 운동 시키면 e [V]의 기전력이 발생한다면, 기전력은?

가. 1　　나. 5　　다. 10　　라. 15

Solution

$F = Bll$ [N]에서 $Bl = \dfrac{F}{I}$ [Wb/m]이므로 유기 기전력 e 는

$$\therefore\ e = vBl = \frac{Fv}{I} = \frac{10\times 10}{10} = 10\ [\mathrm{V}]$$

정답 : 다

3. 연습문제

도전율 σ, 투자율 μ인 도체에 교류 전류가 흐를때의 표피효과는?

가. 투자율이 클수록 작다.　　나. 도전율이 클수록 크다.

다. 주파수가 높을수록 작다.　　라. 투자율, 도전율은 무관하다.

Solution

표피효과 침투 깊이 $\sigma = \sqrt{\frac{2}{\omega\sigma\mu}} = \sqrt{\frac{1}{\pi f\sigma\mu}}$ [m]

즉, 주파수 f, 도전율 σ, 투자율 μ가 클수록 σ가 작아지므로 표피효과가 커진다.

정답 : 나

4. 연습문제

와 전류의 방향은?

가. 일정하지 않다.　　나. 자력선 방향과 동일하다.

다. 자계와 평행되는 면을 관통한다.　　라. 자속에 수직되는 면을 회전한다.

Solution

$Pe \propto \sigma f^2 Bm^2$이므로 도전율에 비례하고, 주파수 f와 최대자속 밀도 Bm의 제곱에 비례한다.

정답 : 라

5. 연습문제

0.2 [wb/㎡]의 평등 자계속에 자계와 직각방향으로 놓인 길이 30cm의 도선을 자계와 30° 각의 방향으로 30 [m/s]의 속도로 이동 시킬 때, 도체 양단에 유기되는 기전력은 몇 [V]인가?

가. 0.9　　나. $0.9\sqrt{3}$　　다. 1.8　　라. 3.6

Solution

$$e = vBl\sin\theta = 30\times0.2\times0.3\times\sin30^\circ = 30\times0.2\times0.3\times0.5 = 0.9\ [V]$$

정답 : 가

Section 8. 전자유도

1. 연습문제

원형 단면의 비자성 재료에 권수 N_1 = 500의 코일이 균일하게 감긴 환상 솔레노이드의 자기 인덕턴스가 l_1 = 1 [mH]이다. 그 위에 권수 N_2 = 1,000의 코일이 감겨져 있다면 이때의 상호 콘덕턴스는 몇 [mH]일까? (단, 결합계수 K=1이다.)

가. 1　　나. 2　　다. 3　　라. 4

Solution

$$M = \frac{N_1 N_2}{R_m} = L_1 \frac{N_2}{N_1} = 1 \times 10^{-3} \times \frac{1000}{500} = 2 \times 10^{-3} = 2 \text{ [mH]}$$

정답 : 나

2. 연습문제

자기인터턴스 L_1, L_2와 상호 인덕턴스 M과 합성 인덕턴스 [H]는?

가. $L_1 + L_2 \pm 2M$　　나. $L_1 + L_2 \pm 2\sqrt{M}$

다. $\sqrt{L_1 + L_2} \pm 2M$　　라. $\sqrt{L_1 + L_2} \pm 2\sqrt{M}$

Solution

인덕턴스 직렬접속 합성 인덕턴스 $L = L_1 + L_2 \pm 2M$ [H]

정답 : 가

3. 연습문제

1.2차 코일의 자기 인덕턴스가 각각 49 [mH], 100 [mH], 결합계수가 0.9이다. 이때 두 코일을 자속이 합해지도록 같은 방향으로 직렬로 접속하면 합성 인덕턴스 [mH]는?

가. 209　　나. 213　　다. 245　　라. 275

Solution

$K = 0.9$, $L_1 = 49$ [mH], $L_2 = 100$ [mH]
이므로 $M = K\sqrt{L_1 L_2} = 0.9\sqrt{49\times100} = 0.9\times70 = 63$ [mH]
두 코일은 자속이 합해지도록 같은 방향으로 직렬 접속 했으므로
$\therefore L_+ = L_1+L_2+2M = 49+100+2\times63 = 275$ [mH]

정답 : 라

4. 연습문제

[*Ohm*.sec]와 같은 단위는?

가. [henry]　　나. [Farad]　　다. [Farad/m]　　라. [Henry/m]

정답 : 가

5. 연습문제

자기인덕턴스가 50 [mH]인 코일에 흐르는 전류가 0.01 [초] 사이에 10 [A]에서 8 [A]로 감소하였다. 이 코일에 유기된 기전력은?

가. 25 [V], 본래의 전류와 같은방향　　나. 25 [V], 본래의 전류와 반대방향

다. 10 [V], 본래의 전류와 같은방향　　라. 10 [V], 본래의 전류와 반대방향

Solution

$$e = -L\frac{di}{dt} = -50\times10^{-3}\times\frac{8-10}{0.01} = 10\ [\text{V}]$$
(본래의 전류와 같은 방향)

정답 : 다

Section 9. 전자장

1. 연습문제

도전율 σ, 유전율 ε 인 매질에 교류 전압을 인가 했다. 이때 전도전류와 변위전류의 크기가 같아지는 주파수 [Hz]는?

가. $F = \varepsilon / 2\pi\sigma$ 나. $F = 2\pi\varepsilon / \sigma$ 다. $F = \pi\sigma/2\varepsilon$ 라. $F = \sigma/2\pi\varepsilon$

Solution

변위전류와 전도전류의 크기가 같아지는 주파수 $F = \sigma / 2\pi\varepsilon$ [Hz]

정답 : 가

2. 연습문제

실용적인 유전체의 유전손실각 $\tan\delta$ 는 얼마일까? (단, ω 는 가속도 [rad/s], k 는 도전율 [W/m], ε 는 유전율 [F/m]이다.

가. $\varepsilon/\omega k$ 나. $2k\varepsilon/\omega$ 다. $\omega k/2\varepsilon$ 라. $k/\omega\varepsilon$

Solution

$$\tan\delta = \frac{k}{\omega c} = \frac{k}{2\pi f\varepsilon}$$

정답 : 라

3. 연습문제

자유공간의 고유 임피던스 [Ω]는? (단, ε_0 는 유전율, μ_0는 투자율이다.)

가. 1　　나. 235　　다. 323　　라. 377

Solution

자계 및 자계 크기의 비(고유임피던스)

$$\eta = \frac{E}{H} = \sqrt{\frac{\mu}{\varepsilon}} = \sqrt{\frac{\mu_0}{\varepsilon_0}} \cdot \sqrt{\frac{\mu_r}{\varepsilon_r}} = 120\pi\sqrt{\frac{\mu_r}{\varepsilon_r}} \ [\Omega]$$

자유공간의 고유 임피던스 $\eta_0 = \sqrt{\frac{\mu_0}{\varepsilon_0}} = 377 \ [\Omega]$

정답 : 라

4. 연습문제

유전율 ε, 투자율 μ 인 매질 내를 주파수 f [Hz]의 전자파가 전파될 때, 파장 [m]은?

가. $\frac{1}{f\sqrt{\varepsilon\mu}}$　　나. $\frac{2\sqrt{\varepsilon\mu}}{f}$　　다. $\frac{f}{\sqrt{\varepsilon\mu}}$　　라. $2f\sqrt{\varepsilon\mu}$

Solution

$v^2 = \frac{1}{\varepsilon\mu}$ 에서 $v = \frac{1}{\varepsilon\mu}$ [m/s]이므로

$$\lambda = \frac{v}{f} = \frac{\frac{1}{\sqrt{\varepsilon\mu}}}{f} = \frac{1}{f\sqrt{\varepsilon\mu}} \ [\mathrm{m}]$$

정답 : 가

| 저자소개 |

송 면 규 / 공학박사(kosinsong@hanmail.net)

[저서 목록]

- 통신시스템
- 이동통신 실무자를 위한 모바일 시스템
- 방송통신 기술요론
- 유비쿼터스 개론
- 유비쿼터스 기반기술과 응용
- 지능형 홈네트워크 시스템
- 유비쿼터스 어플라이언스(문화체육관광부 우수학술도서 선정)
- 아빠랑 떠나는 재미있는 전파여행
- 우리 시대의 담론- "송면규의 세상 엿보기"
- 일본의 무선설비기술기준(번역)
- 알기 쉽게 풀이한 회로이론

박영희

- 사) 한국케이블기술인연합회 회장
- (주) 월드멀티넷 대표이사

알기쉬운 전기자기학
Basic Electromagnetics
2017년 3월 30일 1판 1쇄 인쇄 / 2017년 4월 03일 1판 1쇄 발행

지은이. 송 면 규 · 박 영 희
펴낸이. 윤 용 호 | 펴낸곳. 석학당 출판사 121-856 서울시 마포구 토정로 222 3층 301호 (한국출판협동조합, 신수동)
등록. 2001.10.23. 제10-2238호 | 전화. 02)719-6116 | 팩스. 02)719-6120
홈페이지. www.shdbooks.co.kr | E-mail. shd6116@chol.com

ISBN 979-11-87621-05-8 가격 18,000원

이 도서의 국립중앙도서관 출판예정도서목록(CIP)은 서지정보유통지원시스템 홈페이지(http://seoji.nl.go.kr)와 국가자료공동목록시스템(http://www.nl.go.kr/kolisnet)에서 이용하실 수 있습니다. (CIP제어번호: CIP2017008221)